高等学校教学辅导用书

机械制造基础工程训练报告

李舒连　杨琦　主编

学号＿＿＿＿＿＿＿＿＿＿＿＿＿＿

姓名＿＿＿＿＿＿＿＿＿＿＿＿＿＿

专业＿＿＿＿＿＿＿＿＿＿＿＿＿＿

U0295735

合肥工业大学出版社

图书在版编目(CIP)数据

机械制造基础工程训练报告/李舒连,杨琦主编. —合肥:合肥工业大学出版社,2009.5 (2016.1重印)

ISBN 978-7-81093-915-7

Ⅰ.机… Ⅱ.李… Ⅲ.机械制造—高等学校—教学参考资料 Ⅳ.TH

中国版本图书馆 CIP 数据核字(2009)第 058729 号

机 械 制 造 基 础 工 程 训 练 报 告

李舒连 杨 琦 主编 责任编辑 汤礼广

出 版	合肥工业大学出版社	版 次	2008 年 8 月第 1 版
地 址	合肥市屯溪路 193 号	印 次	2016 年 1 月第 8 次印刷
邮 编	230009	开 本	787 毫米×1092 毫米 1/16
电 话	理工编辑部:0551-62903087	印 张	6.25
	市场营销部:0551-62903163	字 数	135 千字
网 址	www.hfutpress.com.cn	印 刷	安徽联众印刷有限公司
E-mail	hfutpress@163.com	发 行	全国新华书店

ISBN 978-7-81093-915-7 定价:12.00 元

如果有影响阅读的印装质量问题,请与出版社市场营销部联系调换。

前　　言

　　机械制造基础工程训练（也称金工实习）是一门实践性、应用性较强的技术基础课，也是工科各专业学生的必修课。为了帮助学生在工程实践和技能训练基础上更加完整系统地学习和掌握本课程必要的理论基础知识，加强和促进本课程教学过程中理论与实践的有机结合，根据国家教育部金工实习课程指导委员会新修订的教学大纲要求，我们组织编写了与《机械制造基础工程训练》（李舒连主编，合肥工业大学出版社）教材相配套的《机械制造基础工程训练报告》。本书力求体现以下特色：

　　（1）加强理论教学与实践训练的紧密结合，突出实践能力训练。本书每一章都列出了实习的目的内容、方法步骤、考核目标和安全要求，使学生对实习的全过程有一个完整的认识和了解。

　　（2）体现传统技能与现代技术的有机结合，凸显现代技术传授。本书的题型和内容以金工实习大纲为依据，以完整规范的知识点为主线，减少冗赘繁杂的叙述和表达，力求达到知识面较宽、内涵丰富、题型新颖、叙述严谨、格式规范和内容简洁的编写目的。

　　（3）强调基本技能与创新训练的有效结合，重视创新意识培养。注重加强理论对实践的指导作用，力求使学生通过实践操作和理论思考，不但知其然，而且知其所以然。同时，减少一些对技能性要求较强、操作性要求较高内容的考核考查。

　　（4）注重工种训练与综合训练的结合，拓宽实践教学视野。本书内容兼顾机械类和近机械类各专业及不同层次学生的训练教学要求，可由各工种训练指导教师依据不同专业教学要求适当掌握。

　　（5）推崇专业技能与人文精神的和谐结合，构建工程训练文化。本书彰显工程训练文化，体现素质教育。本书后面还设有"机械制造基础工程训练小结"栏目，让学生结合工程训练文化，抒发训练感想，引导学生在熟练掌握基本技能、巩固和加深对理论知识理解的同时，培养良好的工程素养。

　　本书既是作业练习题，也是课程考查和理论考试的知识点；既可在课堂或实习现场集中讲解、练习，也可以布置由学生课外独立完成。各工种训练指导教师应安排适当时间进行师生互动，辅导答疑，对重点、难点进行讲解和分析点评。

　　本书由李舒连、杨琦主编，邱震明、张慨、郭满荣、吴建华、凌莉、黄宁辉、邹宗鹏、龙珍珠等参与编写，万巍、蔡其奕、蔡正清等参与审稿，糜娜、郝静、唐晓娟等参与整理。全书由李舒连统稿。

编　　者

学生训练守则

训练期间，学生应当遵守下列守则：

一、自觉遵守训练作息时间，接受管理，服从教学安排，听从老师指导，完成规定的训练内容并参加课程考试考核。

二、严格遵守训练安全操作规程，严禁违章操作。按规定穿戴好劳保用品和防护用具。不穿着工作服（鞋帽）的，不得参加训练。

三、遵守训练纪律，独立完成全部训练内容；认真填写训练报告（作业思考题）和训练小结；完成规定的工种技能考核和理论考试。

四、自觉爱护工厂的公共财物、设备和工量器具，文明训练。

五、遵守训练考勤和请假、销假制度。

（1）训练期间，除学校统一安排各类考试或参加国家级考试、学校运动会等公务活动或遇其他特殊情况外，一律不得请假。所在院（系）安排活动的，应当服从训练课程需要。

（2）学生进厂后，应当签到考勤。因身体原因难以坚持训练的，应由校以上医院出具诊断证明。

（3）因家庭特殊情况需要请假的，应出示所在院（系）主管领导或辅导员签字的请假条。

（4）无论何种原因请假而缺席训练的，均应选课重修或补修并取得及格以上分数方能评定成绩。

六、机械制造基础工程训练是必修课，凡训练成绩不及格的，应当按学校有关规定重修。

目　　录

机械制造基础工程训练课程教学基本要求

一、课程简介

1．课程编号

17944801～17944804。

2．课程内容

本课程主要是通过对机械制造基础基本理论的讲授和基本技能训练，使学生初步了解常用工程材料及其性能、用途；熟悉铸造成形、锻压成形、焊接成形以及非金属材料成形方法；初步掌握金属切削包括钳工、车削、铣削、磨削、刨削、精密加工等基本工艺知识和加工方法；了解数控加工、特种加工、计算机辅助设计与制造、先进制造技术等基本知识；并通过实践操作初步掌握机械制造的基本工艺过程和一些主要工种的基本操作技能。

3．参考教材

《机械制造基础工程训练》（李舒连主编，合肥工业大学出版社出版）。

4．课程要求

必修课。

5．考核方式

考试与考核相结合。

6．选课对象

工科各相关专业。

二、课程教学基本要求

1．课程的性质和任务

（1）课程性质

①机械制造基础工程训练是一门实践性技术基础课，是工科各专业学生学习机械制造的基本工艺方法、完成工程基本训练、培养工程素质的重要必修课。

②机械制造基础工程训练以实践教学为主，学生在教师指导下，学习和掌握机械制造基础的基本理论知识和基本技能操作，完成必要的书面实习报告并参加课程考试。

（2）课程任务

①了解机械制造的一般工艺过程，熟悉机械零件的常用加工方法以及常用主要设备的工作原理和典型机构，掌握常规工夹量具的正确使用，熟悉安全操作规程。

②初步掌握计算机辅助设计与制造的基本知识及其应用，了解先进制造技术及设备的发展方向和工作原理。

③对简单零件应有初步进行工艺分析和选择加工方法的能力，在主要工种上应具有独立完成简单零件的加工制作能力。

④培养劳动观点、创新精神以及理论联系实际、严谨科学的工作作风，初步建立起市场与信息、质量与成本、管理与效益、安全与环保以及可持续发展等现代工程意识，培养良好的工程师素养。

三、学生训练安全守则（请同学们仔细阅读并遵照执行）

（1）遵守训练纪律和作息时间，不迟到、不早退、不擅自离开训练岗位，有事必须按规定请假。训练期间不做与训练无关的事情。

（2）严格遵守各工种安全操作规程，听从指导老师安排，严禁违章操作。训练场所严禁打闹、嬉戏和大声喧哗。指导老师不在场时，不得私自开动机床。

（3）训练时应按规定穿戴好劳动防护用品。特别是女同学的长发要压入工作帽帽檐内。

（4）训练期间，严禁私自开动砂轮机、锻锤、冲床、剪板机等危险设备。

（5）爱护训练设备及工具、夹具、量具、刀具。每天训练结束前，应认真保养维护设备器具，打扫环境卫生。损坏、丢失工量器具的，应视情节酌情赔偿。

（6）专心听讲，认真观察指导教师的示范操作或演示，仔细领悟和正确掌握规范的操作要领，严格按操作规程正确操作机床。

（7）观摩演示和参观时，应听从指挥，注意安全，不能违章操作机床。

（8）两人以上共同操作训练项目的，要遵守要领，协同一致，相互配合，确保安全。

第一章　工程材料及钢的热处理

1. 训练目的

(1) 了解金属材料的力学性能及用途；

(2) 了解常用热处理工艺知识；

(3) 了解金属表面处理知识；

(4) 了解非金属材料基本知识及其应用。

2. 训练内容与步骤

(1) 初步掌握与比较不同材质经加热和冷却后所获得不同结果（硬度检测）；

(2) 初步掌握不同材质的火花鉴别方法；

(3) 选择若干不同材质材料进行硬度比较鉴别并且得出结论。

3. 训练要求和课时安排

(1) 学生分成若干组，选择不同材质材料进行淬火试验；

(2) 试验要记录全过程；

(3) 用硬度计在工件上打硬度，并得出结论；

(4) 课时安排：0.5～1 天。

4. 热处理训练安全特别注意事项

(1) 训练时必须穿好工作服、劳保鞋和戴好工作帽；

(2) 操作电阻炉时，不得用炉钩触碰箱壁内电阻丝或硅碳棒；

(3) 不得用手拿起和触摸加热后的工件；

(4) 严禁两人同时操作一台砂轮机和硬度计。

一、判断题

1. 金属材料的性能是指金属材料在外力作用下抵抗变形和断裂的能力。 （　）

2. 材料的塑性是指在外力作用下材料产生塑性变形而不破坏的能力。 （　）

3. 钢的品种很多，其性能各异。钢的性能决定于化学成分及其热处理状态。 （　）

4. 凡是金属材料零件都必须经过热处理后才能使用。 （　）

5. 可锻铸铁就是可以用来锻造的铸铁。 （　）

6. 低碳钢采用正火处理可以适当降低塑性，提高硬度，改善可切削性。 （　）

7. 铁碳合金是以铁为基础的合金，也是钢和铁的总称。 （　　）

8. 铸铁不具有焊接性能。 （　　）

9. 正火处理就是将钢加热到一定温度并保温一定时间后随炉温冷却的热处理方法。
（　　）

10. 低碳钢正火后钢的强度和硬度比退火后钢的强度和硬度要高。 （　　）

11. 调质处理是淬火后加中温回火的热处理方法。 （　　）

12. 同一材质钢材在相同加热条件下，在水中淬火比在油中淬火的淬透性好。 （　　）

二、填空题

1. 体现金属材料力学性能的主要指标有强度、硬度、塑性和_____。

2. 在优质碳素结构钢中，低碳钢含碳量为_____％，中碳钢含碳量为_____％，高碳钢含碳量为_____％。

3. 与退火相比，正火处理的优点是_____、_____、_____，所以，生产中应尽量用正火替代退火处理。

4. 复合材料一般由_____和_____两部分组成，增强材料均匀地分布在基体材料中。

5. 钢的表面热处理方法有_____和_____。

6. 常见钢的退火方式有_____、_____和去应力退火。

三、选择题

（一）单项选择题

1. 表示金属材料塑性指标的是（　　）。

    A. 屈服强度和抗拉强度   B. 伸长率和断面收缩率

    C. 冲击载荷和冲击力   D. 抗弯变形和抗断裂能力

2. 区分钢和铁的主要标志是（　　）。

    A. 含碳量的多少   B. 硬度的高低

    C. 抗冲击能力的大小   D. 金相组织的粗细

3. 金属材料的抗拉强度是（　　）。

    A. 金属材料保持在弹性变形时的最大应力

    B. 金属开始出现塑性变形时的拉力

    C. 金属材料在拉断前所能承受的最大应力

    D. 金属出现塑性变形时的应力

4. 碳素结构钢 Q235 中 235 表示（　　）。

    A. 含碳量为 0.235％   B. 屈服点为 235MPa

    C. 抗拉强度为 235MPa   D. 抗冲击强度为 235MPa

5. 轴类零件调质处理的热处理工艺是（　　　）。

    A. 淬火＋高温回火　　　　　　　　B. 淬火＋中温回火

    C. 淬火＋低温回火　　　　　　　　D. 淬火＋等温回火

6. 锉刀使用的材料是（　　　）。

    A. 高速工具钢　　　　　　　　　　B. 碳素工具钢

    C. 合金结构钢　　　　　　　　　　D. 碳素结构钢

7. 下列刀具材料中，红硬性最好的是（　　　）。

    A. 碳素工具钢　　　　　　　　　　B. 高速钢

    C. 硬质合金　　　　　　　　　　　D. 合金结构钢

8. 下列材料中，用于制造各种机床切割刀具、刃具和模具的是（　　　）。

    A. Q235　　　　　　B. T12　　　　　　C. 45　　　　　　D. W18Cr4V

9. T12 钢主要用来制造（　　　）。

    A. 各种弹簧　　　　　　　　　　　B. 钳工刀具

    C. 机床齿轮　　　　　　　　　　　D. 压力容器

10. 引起锻件晶粒粗大的主要原因之一是（　　　）。

    A. 过热　　　　　　B. 过烧　　　　　　C. 变形抗力大　　　D. 塑性差

11. 零件毛坯退火工序一般安排在（　　　）。

    A. 粗加工之前　　　　　　　　　　B. 粗加工之后

    C. 半精加工之后　　　　　　　　　D. 精加工之后

12. 下列材料中，属于高速钢牌号的是（　　　）。

    A. Q235　　　　　　B. T12　　　　　　C. 45　　　　　　D. W18Cr4V

13. 在金属材料的机械性能指标中，"σ_e"是指（　　　）。

    A. 屈服强度　　　　B. 抗拉强度　　　　C. 弹性强度　　　　D. 抗弯强度

14. 金属材料在载荷作用下抵抗变形和破坏的能力称为（　　　）。

    A. 硬度　　　　　　B. 强度　　　　　　C. 塑性　　　　　　D. 弹性

15. 一般用于工程建筑结构材料的是（　　　）。

    A. 高速工具钢　　　B. 碳素工具钢　　　C. 合金结构钢　　　D. 碳素结构钢

16. 在下列合金中，流动性最差的合金是（　　　）。

    A. 灰铸铁　　　　　B. 铸钢　　　　　　C. 铜合金　　　　　D. 铝合金

17. 零件淬火工序一般安排在（　　　）。

    A. 毛坯制造之后　　　　　　　　　B. 粗加工之后

    C. 磨削之前　　　　　　　　　　　D. 磨削之后

18. 在钢的热处理中，钢的淬透性是指（　　　）。

    A. 钢淬火后的最高硬度　　　　　　B. 钢淬火后的马氏体硬度

    C. 钢淬火后的淬硬层深度　　　　　D. 钢淬火后的残余奥氏体量

19. 下列属于中碳钢材料牌号的是 （　　）。

    A. Q235　　　　　　B. 45　　　　　　　C. 65Mn　　　　　　D. T12

20. 从灰口铁的牌号可看出它的 （　　） 指标。

    A. 硬度　　　　　　B. 韧性　　　　　　C. 塑性　　　　　　D. 强度

21. 下列属于高速工具钢材料牌号的是 （　　）。

    A. W18Cr4v　　　　B. 45　　　　　　　C. 65Mn　　　　　　D. T12

22. 在制造 45 钢类零件的工艺路线中，调质处理应安排在 （　　）。

    A. 粗加工之前　　　　　　　　　　B. 精加工之后

    C. 精加工之前　　　　　　　　　　D. 半精加工之前

23. 碳钢的淬火工艺是将其加热到一定温度，保温一定时间，然后是 （　　）。

    A. 随炉冷却　　　B. 在风中冷却　　　C. 在空气中冷却　　　D. 在水或油中冷却

24. 调质处理是指 （　　）。

    A. 淬火＋低温回火　　　　　　　　B. 淬火＋中温回火

    C. 淬火＋高温回火　　　　　　　　D. 表面淬火＋回火

25. 下列零件中最适合用灰口铸铁制造的是 （　　）。

    A. 汽车活塞　　　　　　　　　　　B. 车床减速箱体

    C. 冷轧轧辊　　　　　　　　　　　D. 锻锤曲轴

26. 制造锉刀的材料及热处理工艺应选用 （　　）。

    A. T12 钢淬火＋低温回火　　　　　B. T12 钢淬火＋高温回火

    C. 65 钢淬火＋低温回火　　　　　　D. 45 钢淬火＋高温回火

27. 室温下，金属的晶粒越细小，则 （　　）。

    A. 强度高、塑性差　　　　　　　　B. 强度高、塑性好

    C. 强度低、塑性差　　　　　　　　D. 强度低、塑性好

28. 铸铁 HT200 的石墨形态为 （　　）。

    A. 球状　　　　　　B. 片状　　　　　　C. 团絮状　　　　　D. 蠕虫状

29. 为了适当提高低碳钢的硬度，改善钢的切削性能，预备热处理的方法是 （　　）。

    A. 完全退火　　　B. 球化退火　　　　C. 等温退火　　　　D. 正火

30. 机床床身和主轴箱箱体一般采用 （　　） 材料制成的。

    A. 蠕墨铸铁　　　　B. 球墨铸铁　　　　C. 灰口铸铁　　　　D. 可锻铸铁

31. 当碳钢中含碳量降低时，其 （　　）。

    A. 塑性随之降低　　　　　　　　　B. 强度随之增大

    C. 塑性增大而强度降低　　　　　　D. 塑性与强度均增大

32. 有四个外形完全相同的齿轮，所用材质都是 $w_c = 0.45\%$ 的优质碳素钢。但是它们的制作方法分别不同：

    ①直接铸出毛坯，然后切削加工成形。

②从热轧厚钢板上取料，然后切削加工成形。

③从热轧圆钢上取料，然后切削加工成形。

④从热轧圆钢上取料后锻造成毛坯，然后切削加工成形。

试分析，上述工艺中使用效果最好和最差的是（　　）。

　　A. ①④　　　　　　B. ④①　　　　　　C. ④②　　　　　　D. ④③

33. 橡胶制品只有经过（　　）工艺处理后才能使用。

　　A. 硫化　　　　　　B. 磷化　　　　　　C. 氧化　　　　　　D. 氢化

（二）多项选择题

34. 碳素钢的力学性能与含碳量有很大关系，随着含碳量的增加（　　　）。

　　A. 强度和硬度提高　　　　　　　　B. 塑性和韧性下降

　　C. 抗变形能力提高　　　　　　　　D. 抗腐蚀能力下降

35. 铸铁与钢相比，其主要特征是（　　）。

　　A. 有较好的可切削性　　　　　　　B. 较好的可铸造性

　　C. 较好的耐磨性和减震性　　　　　D. 塑性较差

36. 零件或毛坯退火的目的是（　　　）。

　　A. 消除内应力　　　　　　　　　　B. 降低硬度

　　C. 细化晶粒组织　　　　　　　　　D. 改善切削性能

四、简答题

试述下列零件的热处理方法。

1. 锉刀

2. 机床主轴

3. 弹簧

五、连线题

用线将下列材料名称与牌号连接起来。

①碳素结构钢   A. HT200

②合金结构钢   B. W18Cr4V

③高速工具钢   C. 45

④铸铁   D. 20CrMnTi

⑤优质碳素结构钢   E. Q235

六、填写下列实习报告

实习工种		实习日期	
实习内容		实习工位	
实习时所使用的设备名称、型号		实习时所使用的工具、刀具、量具名称	
实习方法步骤			
本工种实践考核件名称			

第二章 铸造成形技术

1. 训练目的

(1) 了解铸造生产的工艺过程及其特点和应用范围；

(2) 理解常用造型方法和特种铸造方法；

(3) 了解铸造熔炼和浇注工艺过程及铸造缺陷分析；

(4) 了解常用造型材料及铸造设备。

2. 训练内容与步骤

(1) 熟悉常用造型材料及其配置方法；

(2) 正确掌握常用造型方法和造型工具的使用；

(3) 了解浇注系统的组成及作用；

(4) 熟悉模样铸造毛坯和零件之间的关系；

(5) 了解零件浇注方法及铸件缺陷分析。

3. 训练要求和课时安排

(1) 学生一人一组完成整模、分模、活块、挖砂造型；

(2) 选择若干组造型进行浇注，并分析铸造缺陷；

(3) 课时安排：机械类 1.5 天，非机械类 1 天。

4. 铸造训练安全特别注意事项

(1) 训练时应穿好工作服、劳保鞋和戴好工作帽，女学生长发要纳入帽檐内；

(2) 造型时不得用嘴吹型砂；

(3) 浇注时应穿戴好防护用品，不操作的同学应远离浇包；

(4) 不得使用湿、冷、锈铁杆去搅动熔化的金属或扒渣。

一、判断题

1. 铸造模样的外形和尺寸与零件的外形和尺寸是不一样的。　　　　　　（　　）

2. 冒口一般开设在铸件的最高部位，也可开设在铸件最后冷却的部位。（　　）

3. 形状复杂的铸件一般要进行时效处理。　　　　　　　　　　　　　（　　）

4. 通常应以起模方向的最大投影截面作为分型面。　　　　　　　　　（　　）

5. 在铝合金熔炼时，一般采用最小的加热能力，将合金缓慢熔化并升温到要求温度，这样可以避免合金过分氧化。   （   ）

6. 铸造用涂料的主要作用是防止粘砂和加固砂型（芯）。   （   ）

7. 起模斜度的大小取决于铸件的大小。   （   ）

8. 分型面可以是平面、斜面和曲面。   （   ）

9. 铸造工艺中的分型面是指铸造模样被分开的面。   （   ）

10. 铸件的浇注位置就是指它的内浇口位置。   （   ）

二、填空题

1. 冒口的主要作用是_____。

2. 型砂和芯砂应具备的主要性能有耐火性、强度、_____、_____。

3. 铸件的时效处理分为_____和_____。

4. 浇注系统一般由浇口杯、外浇道、直浇道、横浇道和_____组成。

5. 浇注系统中横浇口的主要作用是_____。

三、选择题

（一）单项选择题

1. 在铸造生产的各种方法中最基本的方法是（   ）。

    A. 金属型铸造   B. 熔模铸造   C. 压力铸造   D. 砂型铸造

2. 将模样沿最大截面处分成两部分进行造型的方法，称为（   ）。

    A. 整模造型   B. 分模造型   C. 活块造型   D. 挖砂造型

3. 灰口铸铁的人工时效也就是（   ）。

    A. 高温退火   B. 中温退火   C. 低温退火   D. 表面淬火

4. 在铸造用湿型砂中加入煤粉的主要作用是（   ）。

    A. 增加型砂透气性   B. 防止铸件粘砂

    C. 提高型砂强度   D. 防止型砂粘模

5. 不属于浇注系统组成部分的是（   ）。

    A. 浇口杯   B. 内浇口   C. 冒口   D. 横浇道

6. 铸件造型时设置冒口的主要作用是（   ）。

    A. 排气   B. 集渣   C. 补缩   D. 调节温度

7. 在浇注过程中对铸件形状和尺寸精度影响最大的阶段是（   ）阶段。

    A. 固态收缩   B. 液态收缩   C. 凝固收缩   D. 线收缩

8. 为方便起模，分型面一般设在铸件的（   ）。

    A. 最大截面   B. 最小截面   C. 最厚截面   D. 最薄截面

9. 适合制造内腔形状复杂零件的方法是（   ）。

    A. 锻造   B. 铸造   C. 焊接   D. 冲压

10. 浇注系统的顺序是（　　　　）。

　　A. 直浇道——内浇道——横浇道　　　B. 直浇道——横浇道——内浇道

　　C. 外浇道——内浇道——横浇道　　　D. 横浇道——直浇道——内浇道

11. 铸件上重要的加工面、受力面和基准面，在造型和浇铸时应尽量设置（　　　　）。

　　A. 朝上　　　　　B. 朝下　　　　　C. 侧面　　　　　D. ABC 均可

12. 浇注系统中横浇口的主要作用是（　　　　）。

　　A. 挡渣　　　　　B. 排气　　　　　C. 补缩　　　　　D. 产生压头

13. 确定铸件的浇注位置时，应将铸件上的大平面、薄壁部分置于铸型的（　　　　）。

　　A. 下部　　　　　B. 上部　　　　　C. 侧面　　　　　D. 任意位置

14. 下图所示是一个异口径管铸件，它适合的造型方法是（　　　　）。

　　A. 整模造型　　　B. 分模造型　　　C. 活块造型　　　D. 挖砂造型

15. 在铸造中，模样、型腔、铸件和零件之间正确关系的是（　　　　）。

　　A. 型腔≈模样＞零件＞铸件

　　B. 模样≈型腔＞铸件＞零件

　　C. 铸件＞模样＞零件＞型腔

　　D. 铸件＞型腔＞模样＞零件

16. 铸件变形和裂纹的主要原因是（　　　　）。

　　A. 凝固　　　　　　　　　B. 收缩

　　C. 凝固和收缩　　　　　　D. 铸造应力

17. 批量生产中，铸件上局部有不高的凸出部分阻碍起模时常用的造型方法是
　　　　　　　　　　　　　　　　　　　　　　　　　　　　（　　　　）。

　　A. 整模造型　　　B. 挖砂造型　　　C. 刮板造型　　　D. 活块造型

18. 当铸件的壁厚不均匀时，在厚壁处容易产生（　　　　）。

　　A. 裂纹　　　　　B. 缩松　　　　　C. 冷隔　　　　　D. 夹渣

19. 灰口铸铁适合制造床身、底座、导轨等结构，除了铸造性和切削性优良外，还因
　　为（　　　　）。

　　A. 抗拉强度好　　B. 抗弯强度好　　C. 耐压消震　　　D. 冲击韧性高

20. 金属的铸造性能主要有（　　　　）。

　　A. 流动性和收缩性　　　　　　　　B. 流动性和导热性

　　C. 热膨胀性和收缩性　　　　　　　D. 导热性和热膨胀性

（二）多项选择题

21. 模样的尺寸与零件相比，除外形相似外，还应有（　　　　）。

　　A. 起模斜度　　　B. 收缩量　　　　C. 加工余量　　　D. 尺寸公差

22. 铸件一般都要进行时效处理，其目的主要是（　　　　）。

　　A. 消除应力　　　B. 细化晶粒组织　　C. 降低硬度　　　D. 减少变形

23. 树脂覆膜砂强度应根据铸件的（　　　）来选择。

    A. 金属种类　　　　B. 铸件结构　　　　C. 型芯大小　　　　D. 催化剂种类

24. 砂型中放置冷铁的作用是（　　　）。

    A. 消除铸件的缩孔和裂纹　　　　　　　B. 提高铸件的表面硬度和耐磨性

    C. 加快铸件厚壁外的凝固速度　　　　　D. 消除铸件内应力

25. 砂型的透气性取决于（　　　）。

    A. 砂子的粒度　　　　B. 砂子的形状　　　　C. 砂子的成分　　　　D. 砂型的紧实度

26. 涂料是用来涂敷铸型表面的涂层，其作用是（　　　）。

    A. 提高表面质量　　　　　　　　　　　B. 防止化学粘砂

    C. 加固砂型（芯）　　　　　　　　　　D. 增加表面硬度

27. 对铸造砂型的性能要求是（　　　）。

    A. 强度　　　　　　B. 水分　　　　　　C. 透气性　　　　　D. 紧实率

28. 铸型中放入型芯的主要作用是（　　　）。

    A. 形成铸件内腔或外形　　　　　　　　B. 减少加工余量

    C. 加强铸型强度　　　　　　　　　　　D. 降低成本

29. 铸件浇注位置的选定原则是（　　　）。

    A. 铸件的主要加工面或主要工作面应朝下

    B. 铸件的大平面尽可能朝下

    C. 尽量将铸件大面积的薄壁部分放在铸型壁

    D. 便于机械加工

30. 液体金属的充型能力取决于（　　　）。

    A. 金属液体本身的流动能力　　　　　　B. 铸型性质

    C. 浇注温度　　　　　　　　　　　　　D. 铸件结构

四、简答题

1. 下列零件毛坯适用于哪种手工造型方法？（在图下填写）

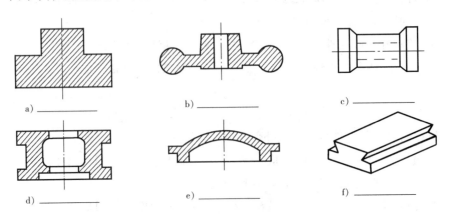

a) _____　　　　b) _____　　　　c) _____

d) _____　　　　e) _____　　　　f) _____

2. 对照下列铸型装配图，补填名称。

(1) _____   (2) _____

(3) _____   (4) 型腔（铸件）

(5) 型芯   (6) 下芯头

(7) 型砂   (8) 下砂箱

(9) 分型面   (10) 型砂

(11) 上砂箱   (12) _____

(13) _____   (14) 型芯通气孔

(15) _____

五、填写下列实习报告

实习工种		实习日期	
实习内容		实习工位	
实习时所使用的设备名称、型号		实习时所使用的工具、刀具、量具名称	
实习方法步骤			
本工种实践考核件名称			

第三章 锻压成形技术

1. 训练目的

(1) 了解锻压成形技术在机械制造中的应用范围；

(2) 理解锻压成形的加工原理和工艺过程；

(3) 了解常用锻压设备的基本构造和工作原理；

(4) 了解锻压模具的结构特点、材料要求和工艺性要求。

2. 训练内容与步骤

(1) 掌握工件的加热方法及常用钢料的始锻和终锻范围；

(2) 初步了解模具的结构及其应用和发展；

(3) 掌握简单零件的镦粗、拔长、冲孔等锻造方法；

(4) 熟悉锻压生产技术安全操作过程；

(5) 分组训练完成小锤毛坯的制作。

3. 训练要求与课时安排

(1) 学生分组协同完成小锤毛坯制作；

(2) 课时安排：机械类 1.5 天，非机械类 1 天。

4. 锻压训练安全特别注意事项

(1) 训练时必须穿好工作服、劳保鞋和戴好工作帽；

(2) 严禁用手触摸锻件；

(3) 训练时要集中精力，相互配合，夹牢工件，有序操作；

(4) 严禁擅自操作空气锤、冲床和剪板机。

一、判断题

1. 金属的锻压性能是以塑性和变形抗力来综合衡量的，塑性越好，变形抗力越小，其锻压性能越好。 （　　）

2. 金属的锻压性能与其化学成分、组织结构、温度状态和变形速度有关。 （　　）

3. 可锻铸铁经过加热也能锻造成型。 （　　）

4. 自由锻适合于单件、小批量和大型、重型锻件的生产。 （　　）

5. 空气锤的规格是以落下部分的重量来表示的。 （　　）

6. 冲压通常在常温下进行，低碳钢薄板为原材料，其他有色金属（铜、铝）及非金属材（如塑料板）也适用于冲压加工。　　　　　　　　　　　　（　　）

7. 碳钢的塑性随含碳量增加而降低。　　　　　　　　　　　　　　（　　）

8. 合金钢的塑性随合金元素的增多而提高。　　　　　　　　　　　（　　）

9. 金属沿纤维方向较垂直于纤维方向具有较高的强度、塑性和冲击韧性能。（　　）

10. 金属在 0℃ 以下的塑性变形称为冷变形。　　　　　　　　　　（　　）

二、填空题

1. 可锻金属材料经过锻造后，其内部组织更加_____、_____，力学性能得以提高。

2. 金属材料加热的目的是提高金属坯料的_____和_____。

3. 电阻加热的特点是结构简单、_____、氧化较小。

4. 锻件加热在高温下容易产生的主要缺陷是氧化、_____和过烧。

5. 自由锻造的主要工序有_____、_____、冲孔和弯曲等。

6. 为了不使锻件冷却时产生硬化、变形和裂纹，常用的冷却方法有_____、_____。

三、选择题

（一）单项选择题

1. 碳钢在接近始锻温度下保温过久，内部晶粒会变得粗大，这种现象称为（　　）。
   A. 脱碳　　　　　B. 氧化　　　　　C. 过热　　　　　D. 过烧

2. 实习中，实际使用的加热炉的加热方式是（　　）。
   A. 反射加热　　　B. 感应加热　　　C. 电阻加热　　　D. 接触加热

3. 优质碳素钢（如 45 钢）的始锻温度和终锻温度是（　　）。
   A. 1100℃，750℃　　　　　　　　B. 1150℃，750℃
   C. 1200℃，800℃　　　　　　　　D. 1200℃，850℃

4. 实习中空气锤的规格 K150 表示（　　）。
   A. 空气锤的最大打击力　　　　　B. 落下部分的质量
   C. 锤打 150kg 的毛坯　　　　　　D. 空气锤杆的最大行程长度

5. 在锻造中使坯料高度减小、横截面增大的工序是（　　）。
   A. 镦粗　　　　　B. 拔长　　　　　C. 错移　　　　　D. 扭转

6. 钳工制作中使用的小锤毛坯（批量生产）一般采用（　　）。
   A. 自由锻　　　　B. 胎模锻　　　　C. 模锻　　　　　D. 铸造

7. 下列冲压基本工序中，属于变形工序的是（　　）。
   A. 拉深　　　　　B. 落料　　　　　C. 冲孔　　　　　D. 切口

8. 下列钢中锻造性能较好的是（　　）。

A. 低碳钢   B. 中碳钢   C. 高碳钢   D. 合金钢

9. 下列牌号材料中，锻造性能最好的是（   ）。

     A. 20   B. 45   C. 65Mn   D. T12

10. 吊钩零件（如右图）一般采用什么方法制作（   ）。

     A. 铸造   B. 锻造

     C. 焊接   D. 板料切割

11. 自由锻控制其高径比（h/d）为 1.5～2.5 的工序是（   ）。

     A. 拔长   B. 镦粗   C. 冲孔   D. 弯曲

12. 不适合自由锻造零件的结构形状是（   ）。

     A. 阶梯轴   B. 盘形件   C. 锥面与斜面   D. 矩形台阶件

13. 用于锻造轴类、杆类工件时常用工序是（   ）。

     A. 镦粗   B. 拔长   C. 错移   D. 扭转

14. 在小批量生产中，为了提高锻件的质量和生产率，较经济的锻造方法是（   ）。

     A. 自由锻   B. 模锻   C. 胎模锻   D. 辊锻

15. 以下几个冲压工序中，属于冲裁工序的是（   ）。

     A. 落料   B. 拉深   C. 冲挤   D. 弯曲

16. 右图所示，由板料冲压成杯状零件的工序是（   ）。

     A. 落料   B. 拉深

     C. 挤压   D. 冲孔

17. 下列板料冲压工序中，不属于分离工序的是（   ）。

     A. 修正   B. 落料

     C. 冲孔   D. 翻边

18. 模锻件上必须有模锻斜度，这是为了（   ）。

     A. 便于充填模腔   B. 减少工序

     C. 节约能量   D. 便于取出锻件

19. 锻件的粗晶结构是由于（   ）。

     A. 终锻温度太高   B. 始锻温度太低

     C. 终锻温度太低   D. 始锻温度太高

20. 综合评定金属可锻性的指标是（   ）。

     A. 强度及硬度   B. 韧性及塑性

     C. 塑性及变形抗力   D. 韧性及硬度

（二）多项选择题

21. 金属的锻压性能与下列那些因素有关（   ）。

     A. 化学成分   B. 组织结构   C. 温度状态   D. 变形速度

22. 碳钢常见的加热缺陷有（　　　　）。

    A. 过烧　　　　　　B. 过热　　　　　　C. 脱碳　　　　　　D. 氧化

23. 锻件的冷却方式有（　　　　）。

    A. 空冷　　　　　　B. 坑冷　　　　　　C. 炉冷　　　　　　D. 水冷

24. 机器自由锻的主要工序有（　　　　）。

    A. 镦粗　　　　　　B. 拔长　　　　　　C. 冲孔　　　　　　D. 翻边

25. 板料冲压中的变形工序主要有（　　　　）。

    A. 裁剪　　　　　　B. 弯曲　　　　　　C. 拉深　　　　　　D. 翻边

四、连线题

用线将下列锻坯材料与它的始锻温度和终锻温度连起来。

    ①低碳钢　　　　　　　　　　A. 900℃～650℃

    ②碳素工具钢　　　　　　　　B. 1200℃～800℃

    ③合金结构钢　　　　　　　　C. 1150℃～750℃

    ④铜合金　　　　　　　　　　D. 1200℃～750℃

五、简答题

1. 简述自由锻、模锻和胎模锻三者之间区别。

2. 简述自由锻的基本工序。

3. 与铸造相比，锻压在成形原理、工艺方法和应用上有什么不同？

六、填写下列实习报告

实习工种		实习日期	
实习内容		实习工位	
实习时所使用的设备名称、型号		实习时所使用的工具、刀具、量具名称	

实习方法步骤	

本工种实践考核件名称	

第四章　焊接成形技术

1. 训练目的

(1) 了解手工电弧焊、气焊、气割的焊接特点及应用；

(2) 理解交流弧焊机的性能、工作原理和主要技术参数及其对焊接质量的影响；

(3) 熟悉焊条结构、性能及其应用范围；

(4) 了解典型焊接结构的生产工艺和常规的焊接缺陷及控制措施；

(5) 了解焊接生产的新技术新工艺。

2. 训练内容和步骤

(1) 理解普通交流弧焊机和直流弧焊机的结构组成和工作原理；

(2) 理解不同材料结构和选择不同焊接参数对焊接质量的影响；

(3) 了解各种焊接缺陷产生的原因及其控制措施；

(4) 了解其他焊接方法的工艺原理；

(5) 练习常用的焊接方法（平焊、对焊、立焊、仰焊及气割等）。

3. 训练要求和课时安排

(1) 会正确使用焊机，正确选择焊接工艺参数；

(2) 能初步掌握平焊、对接焊和角焊的操作要领，分析焊接缺陷；

(3) 能独立完成普通材料（Q235）的对接焊，并达到焊缝连续、均匀、密实等技术要求；

(4) 完成其他焊接方法的练习，并分析和比较其他焊接方法的应用；

(5) 课时安排：机械类 1～1.5 天，非机械类 1 天。

4. 焊接训练安全特别注意事项

(1) 训练时必须穿好工作服、劳保鞋和戴好安全帽；

(2) 戴好防护面罩和防护手套，严禁用肉眼直视电弧光；

(3) 不得用手直接触摸焊接后的工件，注意清渣安全；

(4) 严禁擅自操作气焊、气割设备；

(5) 严禁在焊接操作时调节电流或关闭电源。

一、判断题

1. 焊接时，被连接的焊件材料可以是同种金属或异种金属。　　　　（　）
2. 电阻焊在焊接过程中必须对焊件施加压力（加热或不加热）。　　（　）
3. 焊缝两侧的母材受焊接热的影响而引起金属内部组织和力学性能变化的区域，称为焊接熔合区。　　　　　　　　　　　　　　　　　　　　　（　）
4. 手弧焊机的空载电压为380V。　　　　　　　　　　　　　　　（　）
5. 焊件开坡口的主要作用是为了保证焊透。　　　　　　　　　　（　）
6. 酸性焊条可以在交直流焊机上使用，而碱性焊条只能用于直流焊机。（　）
7. J422牌号焊条是一种碱性焊条。　　　　　　　　　　　　　　（　）
8. 焊条直径的选择主要取决于焊件板材的厚度。　　　　　　　　（　）
9. 用交流弧焊机焊接时，工件接电源的负极的方法称为反接法。　（　）
10. 焊件厚度越大，所选用的焊条直径应越粗。　　　　　　　　　（　）

二、填空题

1. 手工电弧焊引弧一般有两种方法，即_____和_____。
2. 焊接时的主要工艺参数包括_____、_____和_____。
3. 焊条按药皮性质可分为_____和_____两类。
4. 平焊操作时，主要要掌控好"三度"，即_____、_____和_____。
5. 用直流焊机焊接时，将焊件接到弧焊机正极，焊条接负极，称为_____。
6. 焊接电弧由_____、_____和_____三部分组成。
7. 手工电弧焊的焊条由_____和_____两部分组成。

三、选择题

（一）单项选择题

1. 直流弧焊机和交流焊机相比，主要特点是（　　）。
   A. 结构简单，电弧稳定性好　　　　B. 结构简单，电弧稳定性差
   C. 结构复杂，电弧稳定性好　　　　D. 结构复杂，电弧稳定性差
2. 使用酸性焊条时，应采用（　　）。
   A. 直流正接　　　　　　　　　　　B. 直流反接
   C. 直流正接或反接　　　　　　　　D. 交流或直流（正接、反接均可）
3. 焊条药皮的主要作用是（　　）。
   A. 保护熔池，填充焊缝　　　　　　B. 传导电流，提高稳弧性
   C. 保护熔池，提高稳弧性　　　　　D. 填充焊缝，提高稳弧性
4. 直径为 ϕ3.2焊条，可选用的焊接电流是（　　）

A. 50A～80A   B. 70A～100A

C. 100A～150A   D. 150A～200A

5. 焊机型号 BX1－330 中的"330"表示（   ）。

    A. 焊机的最大焊接电流为 330A   B. 焊机的额定焊接电流为 330A

    C. 焊机的工作电压为 330V   D. 焊机输出端空载电压为 330V

6. 下列材料中，焊接性最好的是（   ）。

    A. HT200   B. 20   C. 45   D. 9SiCr

7. 在焊接电弧中，区域温度最高的是（   ）。

    A. 阴极区   B. 阳极区   C. 弧柱区   D. 三个区域一样高

8. 焊接时的工作电压是指起弧后电弧两端的电压值，一般为（   ）

    A. 20V～40V   B. 40V～60V   C. 60V～90V   D. 90V～100V

9. 焊接薄板工作件时，常采用（   ）。

    A. 正接法   B. 反接法   C. 正接或反接均可   D. 不确定

10. 在焊接材质、尺寸和接头形成相同条件下，焊接电流最大的位置是（   ）。

    A. 平焊   B. 立焊   C. 横焊   D. 仰焊

11. 在手工电弧焊时，合理的电弧长度为（   ）。

    A. 等于焊接直径   B. 小于焊接直径

    C. 大于焊接直径   D. 不确定

12. 焊接热影响区中，焊后晶粒得到细化，机械性能也得到改善的区域是（   ）。

    A. 熔合区   B. 过热区   C. 正火区   D. 部分相变区

13. 在手工电弧焊时操作最方便、焊缝质量容易保证的焊缝空间位置是（   ）。

    A. 立焊   B. 横焊   C. 仰焊   D. 平焊

14. 具有较好的脱氧、除硫、去氢和去磷作用以及力学性能较高的焊条是（   ）。

    A. 酸性焊条   B. 碱性焊条

    C. 结构钢焊条   D. 不锈钢焊条

15. 手工电弧焊采用直流焊机焊接薄件时，工件与焊条的接法采用（   ）。

    A. 正接法   B. 反接法   C. Y 接法   D. △接法

16. 手工电弧焊属于（   ）。

    A. 电阻焊   B. 摩擦焊   C. 钎焊   D. 熔焊

17. 焊接件在焊接前是否需要开坡口主要取决于（   ）。

    A. 焊接件的厚薄   B. 焊接电流的大小

    C. 焊接接头的形式   D. 焊缝的位置

18. 下列各项因素中，焊条金属芯所起的作用是（   ）。

    A. 改善焊条工艺性   B. 防止空气对熔池的侵入

    C. 参与渗合金等冶金反应   D. 填充金属

19. 焊接电流应具有下降外特性，它保证（　　）。

    A. 空载电压为零　　　　　　　　　　B. 焊接电压稳定不变

    C. 短路电流不致过大　　　　　　　　D. 焊接电流稳定不变

20. 焊接电流太大、电弧太长可能产生的焊接缺陷是（　　）。

    A. 咬边　　　　　　B. 裂纹　　　　　　C. 气孔　　　　　　D. 夹渣

21. 焊接接头密封性检验可用（　　）。

    A. 放大镜检验　　　　　　　　　　　B. 透水检验

    C. 磁粉检验　　　　　　　　　　　　D. 气压检验

22. 埋弧自动焊与手工电弧焊相比，其不足是（　　）。

    A. 生产率低　　　　　　　　　　　　B. 焊缝质量不好

    C. 灵活性差　　　　　　　　　　　　D. 劳动条件差

23. 下列焊接方法中，热影响区宽度最小的是（　　）。

    A. 气焊　　　　　B. 焊条电弧焊　　　C. 埋弧自动焊　　　D. 电渣焊

24. 大批量生产薄壁油箱的焊接方法是（　　）。

    A. 手工电弧焊　　　B. 气焊　　　　　　C. 电焊　　　　　　D. 缝焊

25. 下列各种材料中，焊接性最好的是（　　）。

    A. 低碳钢　　　　　B. 中碳钢　　　　　C. 高碳钢　　　　　D. 合金钢

26. 布置焊缝时应尽量使焊缝对称，其目的是（　　）。

    A. 使焊接件结构简单　　　　　　　　B. 便于焊接

    C. 减少焊接变形　　　　　　　　　　D. 提高焊接生产率

27. J427 表示焊缝金属抗拉强度等级为420MPa 的结构钢焊条，用于（　　）。

    A. 交流弧焊机焊接　　　　　　　　　B. 直流弧焊机焊接

    C. 埋弧焊机焊接　　　　　　　　　　D. 氩弧焊机焊接

28. 用电弧热作热源的焊接方法是（　　）。

    A. 手工电弧焊　　　　　　　　　　　B. 氩弧焊

    C. CO_2气体保护焊　　　　　　　　　D. 电渣焊

29. 焊接硬质合金车刀的焊接方法是（　　）。

    A. 电阻缝焊　　　　B. 手工电弧焊　　　C. 气焊　　　　　　D. 氩弧焊

30. 焊接应力与变形的产生，主要是因为（　　）。

    A. 材料导热性差　　　　　　　　　　B. 焊接时组织变化

    C. 局部不均匀加热与冷却　　　　　　D. 焊接电流过大

（二）多项选择题

31. 影响焊缝宽度的主要因素是（　　）。

    A. 焊接速度　　　　B. 焊接电流　　　　C. 焊条性能　　　　D. 焊条直径

32. 常见焊接缺陷除气孔和焊接变形外，还有（　　　　）

  A. 裂纹   B. 咬边   C. 夹渣   D. 未焊透

33. 电焊机的基本技术参数除输入端电压、输出端空载电压，还有（　　　　）

  A. 工作电压   B. 负载率

  C. 额定焊接电流   D. 空载电压

34. 焊条种类很多，按被焊材料不同，可分为（　　　　）。

  A. 低碳钢焊条   B. 低合金钢焊条

  C. 不锈钢焊条   D. 耐热钢焊条

35. 焊接电流的选择主要取决于（　　　　）

  A. 焊接类型 B. 焊条直径 C. 焊件厚度 D. 接头型式

四、简答题

1. 焊接时，焊条接触面不能起弧的主要原因是什么？

2. 焊接变形（同时产生内应力）的主要原因是什么？

3. 手工电弧焊平面位置焊接的主要操作要领是什么？

4、试简述氧气气割、气焊时的重要安全操作规程。

5. 填写下图所示直流电焊机的极性接法。

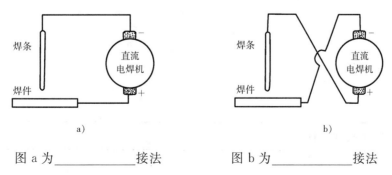

图 a 为＿＿＿＿＿＿接法   图 b 为＿＿＿＿＿＿接法

6. 指出下列焊接接头型式

a)   b)   c)   d)

图 a _____   图 b _____   图 c _____   图 d _____

五、填写下列实习报告

实习工种		实习日期	
实习内容		实习工位	
实习时所使用的设备名称、型号		实习时所使用的工具、刀具、量具名称	

实习方法步骤

本工种实践考核件名称	

24

第五章　切削加工基础知识

1. 训练目的

(1) 了解金属切削基本原理；

(2) 理解零件加工精度的概念，理解加工精度与表面粗糙度之间的区别；

(3) 了解常用刀具材料的性能以及车刀几何角度组成及其功用；

(4) 熟悉金属切削机床的功用及其规格型号分类；

(5) 熟悉常用量具及其功用。

2. 训练内容与步骤

(1) 正确认识常用车刀的几何角度；

(2) 正确理解实习零件图的技术要求；

(3) 熟悉高速钢车刀与硬质合金车刀结构。

3. 训练要求与课时安排

(1) 在教师指导下仔细观摩车刀的刃磨；

(2) 正确掌握车刀的安装方法；

(3) 熟练掌握游标卡尺的测量方法；

(4) 课时安排：0.5 天。

4. 车床训练安全特别注意事项

(1) 不得擅自开动砂轮机；

(2) 刃磨刀具时要戴防护眼镜；

(3) 量具要按规定正确摆放和使用。

一、判断题

1. 车刀的前刀面是指切屑流出所经过的面。　　　　　　　（　　）

2. 在机械加工中，主运动只有一个，而进给运动则可能是一个或几个。　（　　）

3. 公差等级代号数字越大，表示工件的尺寸精度要求越高。　（　　）

4. 在基本尺寸相同情况下，尺寸公差值越小，则尺寸精度越高。　（　　）

5. 形状精度是指零件上的线、面要素的实际形状与理想形状的准确程度。　（　　）

6. 零件表面粗糙度 R_a 值愈小，其加工精度愈高。　　　　（　　）

7. 在切削用量中，对切削温度影响最大的是进给量。 （　　）

8. 粗车脆性材料时，应选用 YT30 牌号硬质合金。 （　　）

二、选择题

（一）单项选择题

1. 下列刀具材料中，哪种材料红硬温度最高（　　）？
   A. T10A　　　　　　B. W18Cr4V　　　　C. YG6　　　　　　D. CrWMn

2. 工件或刀具运动的一个循环或单位时间内，刀具沿进给方向相对工件的位移量，称为（　　）。
   A. 切削速度　　　　B. 背吃刀量　　　　C. 进给量　　　　D. 进给速度

3. 切削用量三要素对切削温度的影响的顺序是（　　）。
   A. 背吃刀量＞切削速度＞进给量　　　　B. 进给量＞切削速度＞背吃刀量
   C. 切削速度＞进给量＞背吃刀量　　　　D. 三个要素对切削温度的影响一样大

4. YG 类硬质合金刀具主要用于加工（　　）。
   A. 陶瓷　　　　　　B. 铸铁　　　　　　C. 金刚石　　　　D. 淬火钢

5. 切削用量中，对刀具磨损的影响最小的因素是（　　）
   A. 切削速度　　　　B. 进给量　　　　　C. 进给速度　　　D. 背吃刀量

6. 以下材料中，红硬性最好的是（　　）。
   A. 碳素工具钢　　　　　　　　　　　　B. 合金结构钢
   C. 硬质合金　　　　　　　　　　　　　D. 高速工具钢

7. 在切削加工中，下列对表面粗糙度没有影响的因素是（　　）。
   A. 刀具几何形状　　　　　　　　　　　B. 切削用量
   C. 工件材料　　　　　　　　　　　　　D. 检测方法

8. 金属切削变形的基本过程的正确顺序是（　　）。
   ①剪切滑移　②弹性变形　③塑性变形　④切屑分离
   A. ①②③④　　　B. ①③②④　　　C. ②①③④　　　D. ③①②④

9. 实习时使用的游标卡尺的测量精度范围为（　　）。
   A. 0.01mm　　　B. 0.02mm　　　C. 0.05mm　　　D. 0.1mm

10. 要测量尺寸精度为 $\phi65\pm0.015$mm 的外圆工件，应选用的通用量具是（　　）
    A. 游标卡尺　　B. 百分尺　　　C. 百分表　　　D. 卡规

（二）多项选择题

11. 刀具切削部分的材料应具备的基本性能是（　　）。
    A. 高硬度和耐磨性　　　　　　　　　　B. 足够的硬度和韧性
    C. 不易被加工　　　　　　　　　　　　D. 较高的耐热性

12. 高速钢常用来制造车刀、铣刀、刨刀等，是因为它具有良好的（　　　　）。

    A. 淬透性　　　　　B. 耐磨性　　　　　C. 韧性　　　　　D. 较高的强度

13. 在机械加工过程中，工件上形成三个表面是指（　　　　）。

    A. 已加工面　　　B. 待加工面　　　C. 过渡表面　　　D. 切削表面

14. 切削用量三要素是指（　　　　）。

    A. 切削速度　　　B. 主轴转速　　　C. 进给量　　　D. 背吃刀量

15. 零件的加工精度包括（　　　　）。

    A. 表面粗糙度　　B. 尺寸精度　　　C. 形状精度　　　D. 位置精度

16. 切削速度的选择与下列因素有关的是（　　　　）。

    A. 切削深度　　　B. 进给量　　　C. 刀具材料　　　D. 工件材料

17. 在切削加工中，冷却液除冷却作用外，还具有（　　　　）作用。

    A. 润滑　　　　　B. 缓冲　　　　　C. 清洗　　　　　D. 防锈

三、简答题

1. 在使用量具前为什么要检查它的零点、零线或基准？

2. 提高零件表面粗糙度的主要措施有哪些？

四、连线题

1. 正确连接测量下列尺寸的量具。

① 未加工外圆 $\phi50$　　　　　A. 百分尺

② 已加工内孔 $\phi30\pm0.01$　　B. 钢板尺

③ 已加工外圆 $\phi25\pm0.2$　　C. 游标卡尺

④ 已加工外圆 $\phi22\pm0.01$　　D. 百分表

2. 正确连接下列刀具材料的种类与牌号。

① 碳素工具钢　　　　A. W18Cr4V

② 合金工具钢　　　　B. T10A

③ 高速钢　　　　　　C. CrWMn

④ 硬质合金　　　　　D. YG8

3. 正确连接下列机床名称与型号。

① 普通车床　　　　A. X52

② 数控车床　　　　B. CK5025

③ 立式铣床　　　　C. CK0630

④ 数控铣床　　　　D. C6136

4. 正确连接下列机床名称与型号。

① 磨床　　　　　A. B6065

② 刨床　　　　　B. M1432

③ 镗床　　　　　C. Z25

④ 钻床　　　　　D. T618

五、填写下列实习报告

实习工种		实习日期	
实习内容		实习工位	
实习时所使用的设备名称、型号		实习时所使用的工具、刀具、量具名称	

实习方法步骤	
本工种实践考核件名称	

第六章 车削加工技术

1. 训练目的

（1）熟悉普通车床的结构组成、传动系统、运动及常用附件的用途；

（2）了解其他车床的结构和用途；

（3）初步掌握轴类和盘类零件的装夹、加工工艺步骤和技术测量；

（4）了解螺纹、锥度和球面的加工方法；

（5）了解机械加工工艺路线和工艺规程的制定原则；

（6）了解先进车削技术发展方向及其应用。

2. 训练内容与步骤

（1）熟悉车床的结构组成、传动路线及主运动和进给运动的概念；

（2）掌握工件、刀具、附件的安装方法和要领，独立完成小锤杆的制作；

（3）掌握轴类、盘类零件及了解螺纹、内孔的工艺步骤；

（4）了解典型零件机械加工工艺规程的制定；

（5）学生两人一组操作车床。

3. 训练要求与课时安排

（1）正确认识和熟练掌握车床手柄位置功用及操作要领；

（2）正确掌握工件和车刀的安装方法；

（3）能根据零件技术要求正确选择切削用量和加工步骤；

（4）能独立完成简单轴类零件（训练作业件）加工，且使主要尺寸达到技术要求；

（5）能独立完成零件的加工和技术测量；

（6）能独立完成典型零件的工艺编制；

（7）课时安排：机械类 4.5～5 天，非机械类 2～3 天。

4. 车床训练安全特别注意事项

（1）训练时应穿好工作服、劳保鞋和戴好工作帽，女学生长发要纳入帽檐内；

（2）严禁戴手套进行操作；工件旋转时，严禁用手、棉纱、工具等去触摸工件和卡盘；

（3）工件、刀具要安装牢固，卡盘扳手用完后应立即从卡盘上取下；

（4）车床开动时，身体不要靠近旋转工件，不得在工件转动时测量工件，以防各种事故；

（5）车床变速换挡时必须在停车后进行，以防损坏车床齿轮传动系统；

（6）发现车床有不正常声音或异味时，应立即停车并报告指导老师。

一、判断题

1. 车削的切削速度是指工作加工表面相对刀具的线速度。 （   ）

2. 车削端面时，由于端面直径从外到中是变化的，则切削速度也在变化。 （   ）

3. 增大后角可以减少刀具与后刀面与工件之间的摩擦。 （   ）

4. 后角的主要作用是减少刀具后刀面与切削平面之间的摩擦。 （   ）

5. 提高切削速度可以降低零件表面粗糙度值。 （   ）

二、填空题

1. 外圆车刀的五个主要角度是_____、_____、_____、_____和刃倾角。

2. 你在车削实习时所用的刀具材料是_____。

3. C6136 车床的主要组成部分有床身、主轴箱、_____、_____、刀架和尾座。

4. 主切削刃是指_____和_____的交线。

5. 低速车削精度较高的工件时，应选用_____顶尖；高速车削精度要求不高的工件时，应选用_____顶尖。

6. 副切削刃是指_____和_____的交线。

三、选择题

（一）单项选择题

1. C6136 车床型号中的"36"表示（   ）。

    A. 主轴中心高 360mm   B. 工件最大回转直径为 360mm

    C. 工件最大加工长度为 360mm   D. 工件最大回转半径为 360mm

2. 车床的主运动是（   ）。

    A. 刀具纵向移动   B. 刀具横向移动

    C. 工件旋转运动   D. 尾架移动

3. 车削外圆时，如果主轴转速增大，则进给量（   ）。

    A. 增大   B. 减小   C. 不变   D. 不确定

4. 车削端面时，工件端面中心留有小凸台的原因是（   ）。

    A. 刀尖高于回转中心   B. 刀尖低于回转中心

    C. 刀尖高度等于回转中心   D. 工件没有加工完

5. 车床中拖板螺距为 4mm，刻度盘分度为 200 格，在车削外圆时，若外圆直径减小

0.4mm，则刻度盘应进（　　　）。

    A. 5 格   B. 10 格   C. 20 格   D. 40 格

6. 车削时，如果机床刻度盘进刀多进了两格，那么此时处理的方法是（　　　）。

    A. 直接退回两格   B. 把刀架移回原位再进刀

    C. 将刻度盘退回半圈后再进刀   D. 再前进两格后退刀

7. 精车外圆时，要进行"试切"，其目的是为保证（　　　）。

    A. 粗糙度 R_a 值   B. 尺寸公差

    C. 形状公差   D. 位置公差

8. 在车床钻孔之前，一般先车端面，其主要目的是（　　　）。

    A. 减小钻头偏斜，便于钻削   B. 提高表面粗糙度

    C. 减小钻削阻力   D. 降低工件表面硬度

9. 车削加工件的精度为 IT9～IT7 级，其相应的表面粗糙度 R_a 值为（　　　）。

    A. 0.4～1.6μm   B. 1.6～6.3μm

    C. 3.2～6.3μm   D. 6.3～12.5μm

10. 低速精车铸铁零件时，冷却液一般采用（　　　）。

    A. 乳化剂   B. 机油   C. 煤油   D. 柴油

11. 在小锤杆车削过程中，锥柄上锥面采用的加工方法是（　　　）。

    A. 转动小拖板法   B. 宽刀法

    C. 尾架偏移法   D. 靠模法

12. 车削外圆时，带动溜板箱作进给运动的是（　　　）。

    A. 丝杆   B. 光杆   C. 丝械或光杆   D. 丝杠和光杆

13. 当车削外圆尺寸 $\phi14^{-0.2}_{-0.5}$ 时，合格的加工尺寸是（　　　）。

    A. $\phi13.5～\phi14.5$ B. $\phi13.5～\phi14.2$

    C. $\phi13.8～\phi14.2$ D. $\phi13.5～\phi13.8$

14. 在车床上安装工件时，能自动定心的附件是（　　　）。

    A. 花盘   B. 中心架   C. 三爪卡盘   D. 四爪卡盘

15. 不能在普通卧式车床上完成的工作是（　　　）。

    A. 镗孔   B. 加工端面   C. 加工键槽   D. 钻孔

16. 在车床上用来安装钻头、铰刀的部件是（　　　）。

    A. 主轴   B. 刀架   C. 尾座   D. 拖板

17. 车削时直接与切屑接触的刀面称为（　　　）。

    A. 前刀面   B. 主后刀面   C. 副后刀面   D. 基面

18. 车床上可以加工的表面有（　　　）。

    A. 外圆柱面   B. 平面   C. 键槽   D. 退刀槽

19. 切削时刀具上切屑流过的那个表面是（　　　）。

A. 前刀面 　　　　B. 主后面 　　　　C. 副后面 　　　　D. 基面

20. 刃磨高速钢刀具时，应选用砂轮的磨料是（　　　）。

A. 棕刚玉 　　　B. 白刚玉 　　　C. 黑碳化硅 　　　D. 绿碳化硅

21. 中心架或跟刀架的主要作用是（　　　）。

A. 增加工件强度 　　　　　　　B. 增加刀具强度

C. 增加工件刚性 　　　　　　　D. 增加刀具刚性

22. 车削螺纹时，常用开倒车退刀，其主要目的是（　　　）。

A. 防止崩刀 　　B. 减少振动 　　C. 防止乱扣 　　D. 减少刀具磨损

23. 安装工件时，不需要找正的附件是（　　　）。

A. 三爪卡盘和花盘 　　　　　　B. 三爪卡盘和顶尖

C. 四爪卡盘和花盘 　　　　　　D. 四爪卡盘和顶尖

24. 车刀前角增大后的影响是（　　　）。

A. 刀刃锋利，切削轻快，减少切削变形 　　　B. 增大散热面积

C. 提高刀具使用寿命 　　　　　　　　　　　D. 减少车刀加工表面摩擦

25. 粗车时选择切削用量的顺序依次是（　　　）。

A. 背吃刀量、切削速度、进给量 　　B. 背吃刀量、进给量、切削速度

C. 进给量、背吃刀量、切削速度 　　D. 切削速度、背吃刀量、进给量

26. 车削加工中，影响已加工表面残留面积大小的主要因素是（　　　）。

A. 背吃刀量 　　B. 切削速度 　　C. 进给量 　　D. 工件转速

27. 铸件工件表面有"硬皮"，刀具容易磨损，粗车第一刀切削深度应（　　　）。

A. 大于硬皮厚度 　　　　　　　B. 小于硬皮厚度

C. 等于硬皮厚度 　　　　　　　D. 以上均可

28. 当改变主轴车床转速时，则（　　　）。

A. 车刀的移动速度不变，进给量改变 　　B. 车刀的移动速度改变，进给量不变

C. 车刀的移动速度改变，进给量改变 　　D. 车刀的移动速度不变，进给量不变

29. 车刀前角的主要作用是（　　　）。

A. 控制切屑的流动方向 　　　　B. 减少前刀面与切屑之间的摩擦

C. 使刀刃锋利 　　　　　　　　D. 减少后刀面与工件之间摩擦

30. 车刀刃倾角的主要作用是（　　　）。

A. 使刀刃锋利 　　　　　　　　B. 控制切屑的流动方向

C. 减少切削阻力 　　　　　　　D. 提高工件表面粗糙度等级

（二）多项选择题

31. 下列哪些部件是车床实现进给运动所需的部件（　　　）。

A. 溜板箱 　　B. 挂轮机构 　　C. 主轴箱 　　D. 光杠

32. 车床的进给运动可以是（　　　　　）。

　　A. 工件旋转运动　　　　　　　　　B. 刀具横向移动

　　C. 刀具横向移动　　　　　　　　　D. 尾架移动

33. 车床加工时，工件可以选择的夹装方法是（　　　　　）。

　　A. 三爪卡盘装夹　　　　　　　　　B. 四爪卡盘装夹

　　C. 利用顶尖装夹　　　　　　　　　D. 利用分度头装夹

34. 下列表面中，可以在车床上加工的是（　　　　　）。

　　A. 回转成型面　　　　　　　　　　B. 内锥面

　　C. 椭圆表面　　　　　　　　　　　D. 滚花的表面

35. 下列部件或机构为车床组成部分的是（　　　　　）。

　　A. 溜板箱　　　　B. 摇杆机构　　　　C. 挂轮机构　　　　D. 尾架

36. 车削加工中常用的冷却液是（　　　　　）。

　　A. 机油　　　　　B. 柴油　　　　　　C. 乳化液　　　　　D. 水溶液

37. 下列项目为车床附件的是（　　　　　）。

　　A. 卡盘　　　　　B. 中心架　　　　　C. 花盘　　　　　　D. 跟刀架

38. 下列几种车削锥面的方法，适合单件和小批量生产的是（　　　　　）。

　　A. 小刀架转位法　　　　　　　　　B. 尾架偏移法

　　C. 靠模法　　　　　　　　　　　　D. 宽刀法

39. 若要加工最大直径为 ϕ360mm 的工件，可选用的车床是（　　　　　）。

　　A. C6140　　　　　B. C618　　　　　　C. C616　　　　　　D. C6136

40. 直接影响切削加工精度、加工成本和加工效率的因素有（　　　　　）。

　　A. 切削速度　　　B. 背吃刀量　　　　C. 工时定额　　　　D. 进给量

41. 切削速度的选择与下列因素有关的（　　　　　）。

　　A. 切削深度　　　B. 进给量　　　　　C. 刀具材料　　　　D. 工件材料

42. C6136 或 C616 车床的机械传动的传动副有（　　　　　）。

　　A. 皮带传动　　　　　　　　　　　B. 齿轮传动

　　C. 丝杆螺母传动　　　　　　　　　D. 齿轮齿条传动

四、简答题

1. 车削加工时，装好工件和刀具后，为什么一定要进行加工"极限位置"检查？

2. 在车削加工中，安装工件和刀具时应注意什么？

3. 在车床上加工细长轴时，为什么要安装中心架或跟刀架？

4. 如右图所示，指出外圆车刀各部位名称。

(1) _____

(2) _____

(3) _____

(4) _____

(5) _____

(6) _____

(7) _____

(8) _____

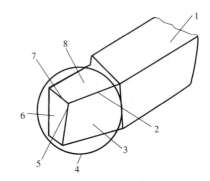

5. 如右图所示，指出外圆车刀各部位角度名称。

γ_0 _____

α_0 _____

κ_r _____

κ_r' _____

λ_s _____

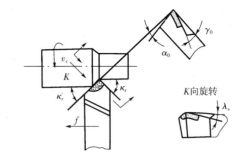

6. 下图是常用的三种外圆车刀，根据图示回答下列问题。

①哪种车刀可用来加工不带台阶的光滑轴和盘、套类工件的外圆？　　　　　　　　　　（　　　）

②哪种车刀切削时径向力较小，适合于加工细长轴？　　　　　　　　　　　　　　　（　　　）

③哪种车刀的刀头部分强度好，适合于粗加工和半精加工？　　　　　　　　　　　　（　　　）

④哪种车刀常用于精加工？　　　　　　　　　　　　　　　　　　　　　　　　　　（　　　）

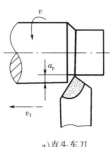

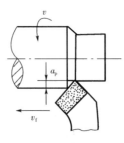

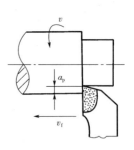

a)直头车刀　　　　　　　　　b)弯头车刀　　　　　　　　　d)90°偏刀

五、连线题

正确连接下列车床部件名称和用途。

①用以改变主轴速度的是   A. 主轴箱

②用以带动丝杠和光杠转动是   B. 变速箱

③用以使光杠和丝杠的转动变为刀架直线运动的是   C. 进给箱

④用以安装主轴的是   D. 溜板箱

六、填写下列实习报告

实习工种		实习日期	
实习内容		实习工位	
实习时所使用的设备名称、型号		实习时所使用的工具、刀具、量具名称	
实习方法步骤			
本工种实践考核件名称			

第七章 铣削、刨削和磨削加工技术

1. 训练目的

(1) 理解普通铣床、刨床、磨床的加工原理和运动组成；

(2) 掌握普通铣床、刨床、磨床刀具（磨具）的种类、性能和结构特点；

(3) 了解普通铣床、刨床、磨床的加工方法及其精度范围；

(4) 了解齿轮加工机床的组成、运动和加工原理。

2. 训练内容和步骤

(1) 了解刨床（含插床、龙门刨床）的分类和加工范围；

(2) 掌握刨削加工工件和刀具装夹及各种加工面的加工方法；

(3) 了解铣床、磨床运动组成，各种加工面的加工方法及精度范围；

(4) 理解各类铣刀种类和铣床附件的结构特点、安装方法和加工范围；

(5) 了解磨具（砂轮）的种类性能、结构特点、安装方法及加工范围。

3. 训练要求和课时安排

(1) 独立完成零件的装夹，正确选择切削速度、加工余量和对工件测量；

(2) 现场结合实物，演示磨削加工，简要介绍磨床的液压传动原理及应用；

(3) 独立完成小锤毛坯的刨削加工；

(4) 课时安排：机械类 1～1.5 天，非机械类 0.5～1 天。

4. 铣床、刨床、磨床训练安全特别注意事项

(1) 训练时应穿好工作服、劳保鞋和戴好工作帽，女学生长发必须纳入帽檐内；

(2) 严禁戴手套进行操作，操作时严禁用手、棉纱、工具等去触摸工件；

(3) 一机多人操作时，应以一人为主，不得同时操作机床；

(4) 机床变速、装夹刀具、装卸测量工件时，必须停机操作。

一、判断题

1. 刨床不但可以加工平面，还可以加工成型面。　　　　　　　　　　（　　）

2. B6065 表示牛刨床的最大刨削长度为 650mm。　　　　　　　　（　　）

3. 牛头刨床不能加工 T 形槽。　　　　　　　　　　　　　　　　　（　　）

4. 铣齿是用与被切齿轮的齿槽形状基本相吻合的齿轮铣刀加工齿形的方法。（　　）

5. 滚齿加工齿轮的方法属于展成法。 （　　）

6. 滚齿加工可以用一把滚刀加工出模数相同而齿数不同的渐开线齿轮。 （　　）

7. 齿轮齿形的加工方法可分为成形法和展成法两类。 （　　）

8. 铣削时刀具作旋转运动，工件作横向或纵向直线运动。 （　　）

9. 铣刀的旋转方向与工件进给方向一致，称为顺铣。 （　　）

10. 砂轮的硬度是指磨粒的硬度。 （　　）

二、选择题

（一）单项选择题

1. 常用的 X52 铣床表示（　　）。

　　A. 卧式铣床　　　　B. 立式铣床　　　　C. 龙门铣床　　　　D. 特种铣床

2. B6090 牛头刨床型号中的"90"代表（　　）。

　　A. 刨削的最大切速为 90cm/min　　　　B. 滑枕最大往复行程为每分钟 90 次

　　C. 工作台的宽度为 90mm　　　　D. 刨削工件的最大长度为 90cm

3. 对牛头刨床能否加工 T 形槽的下列选项是（　　）。

　　A. 不能　　　　　　　　　　　　　　B. 能

　　C. 必须先铸出 T 形槽后才能刨削　　　D. 不确定

4. 牛头刨床的主运动是（　　）。

　　A. 工件的间歇直线移动　　　　　　　B. 刀具的来回往复运动

　　C. 工件的来回往复运动　　　　　　　D. 刀具的间歇直线移动

5. 刨削加工中刀具容易损坏的主要原因是（　　）。

　　A. 刀具排屑困难　　　　　　　　　　B. 切削温度高

　　C. 不使用冷却液　　　　　　　　　　D. 切削不连续，刀具受到冲击

6. 刨削加工时，在正确安装工件和刀具后，机床的调整顺序是（　　）。

　　　　①调整工作台高度　　　　　②调整滑枕行程长度
　　　　③调整滑枕行程速度　　　　　④调整滑枕起始位置

　　A. ①③②④　　　　B. ①②③④　　　　C. ①②④③　　　　D. ①③④②

7. 加工轴上平键槽一般选用的机床是（　　）。

　　A. 立式铣床　　　　B. 卧式铣床　　　　C. 插床　　　　　　D. 刨床

8. 铣削的主运动是（　　）。

　　A. 工作台纵向运动　　　　　　　　　B. 工作台横向运动

　　C. 铣刀上下运动　　　　　　　　　　D. 铣刀旋转运动

9. 在立式铣床加工较大平面时，一般采用（　　）。

　　A. 立铣刀　　　　　B. 端面铣刀　　　　C. 键槽铣刀　　　　D. 成型铣刀

10. 平面磨床用来安装和夹紧工件的装置是（　　　）。

  A. 平口钳   B. 卡盘   C. 顶尖   D. 电磁吸盘

11. 淬硬工件上孔的精加工，一般应选用（　　　）。

  A. 扩孔   B. 铰孔   C. 镗孔   D. 磨孔

12. 平面磨床和外圆磨床工作台的往复运动是（　　　）。

  A. 齿轮传动   B. 皮带传动   C. 液压传动   D. 齿轮齿条传动

13. 磨床磨削时通常使用的冷却液是（　　　）。

  A. 机油   B. 柴油   C. 煤油   D. 乳化液

14. 外圆磨床的主运动是（　　　）。

  A. 工件的旋转运动   B. 砂轮的旋转运动

  C. 工作台的横向进给运动   D. 工作台的纵向进给运动

15. 刃磨高速钢刀具时，应选用砂轮的磨料是（　　　）。

  A. 棕刚玉   B. 白刚玉   C. 黑碳化硅   D. 绿碳化硅

16. 砂轮的硬度是指（　　　）。

  A. 磨粒的硬度   B. 结合剂的硬度

  C. 结合剂黏结磨粒的牢固程度   D. 磨粒和结合剂硬度的总称

17. 白刚玉砂轮适于磨削（　　　）。

  A. 铸铁   B. 陶瓷   C. 硬质合金   D. 淬硬钢

18. 制造圆柱铣刀的材料一般采用（　　　）。

  A. 高速钢   B. 碳素工具钢

  C. 硬质合金   D. 人造金刚石

（二）多项选择题

19. 刨床常用的装夹方法有（　　　　　）。

  A. 双顶尖装夹   B. 分度头及三爪卡盘装夹

  C. 平口钳装夹   D. 压板——螺栓装夹

20. 牛头刨床主运动的调整包括（　　　　）。

  A. 工作台高低位置   B. 滑枕行程长度

  C. 滑枕起始位置   D. 滑枕每分钟往复行程次数

21. 下列铣床附件中，可以用来进行分度加工的是（　　　　）。

  A. 万能铣头   B. 回转工作台

  C. 分度头   D. 平口钳

22. 冷却液的使用应视机床和加工要求而定，下列说法正确的是（　　　　）。

  A. 刨削一般不使用冷却液   B. 磨削一定要使用冷却液

  C. 铣削也要用冷却液   D. 车削可用可不用冷却液

23. 铣削时铣削用量的组成要素是（　　　　）。

　　A. 铣削速度　　　B. 进给量　　　　　C. 铣削深度　　　　D. 铣削宽度

24. 常用的磨床种类有（　　　　）。

　　A. 平面磨床　　　B. 内圆磨床　　　　C. 外圆磨床　　　　D. 曲轴磨床

25. 外圆磨床用来安装工件的附件是（　　　　）。

　　A. 卡盘　　　　　B. 卡盘和顶尖　　　C. 顶尖和顶尖　　　D. 电磁吸盘

26. 砂轮的主要特性包括（　　　　）。

　　A. 磨粒的成分　　B. 粒度的大小　　　C. 硬度的高低　　　D. 组织的疏密

27. 磨削各种钢料零件时，通常选用砂轮的磨料是（　　　　）。

　　A. 刚玉类　　　　　　　　　　　　　B. 碳化硅类

　　C. 人造金刚石类　　　　　　　　　　D. ABC 均可

三、简答题

1. 为什么牛头刨床摇杆的摆动会使滑枕的回程速度比工作（切削）时速度要快？

2. 为什么磨削加工时一定要加大量的冷却液？

四、填写下列实习报告

实习工种		实习日期	
实习内容		实习工位	
实习时所使用的设备名称、型号		实习时所使用的工具、刀具、量具名称	
实习方法步骤			
本工种实践考核件名称			

第八章　钳工加工技术

1．训练目的

(1) 了解钳工加工技术在机械制造过程中的作用和地位；

(2) 掌握钳工制作中的常用工具及用途和技术测量；

(3) 掌握钳工操作的基本技能和要领，并完成简单零件的制作；

(4) 了解钳工制作中的常用设备及其应用。

2．训练内容与步骤

(1) 了解钳工的主要工序及其加工方法所达到的精度范围；

(2) 了解钳工常用工具、量具的种类，熟练掌握其功用和测量方法；

(3) 了解钳工主要设备构造原理和操作方法；

(4) 熟悉钳工技术的操作要领及安全操作规程，了解和掌握零部件的装配方法和要领；

(5) 按图纸要求独立完成鸭嘴锤或样板配对的制作。

3．训练要求与课时安排

(1) 能正确掌握零件（毛坯）的划线方法和步骤，独立完成零件划线；

(2) 能正确掌握各种锉削和锯切方法及要领并能熟练操作；

(3) 结合零件制作，能正确掌握各种量具的测量方法；

(4) 根据零件要求，会正确选择钻头和丝攻或扳牙，独立完成零件钻孔、攻丝和套丝；

(5) 能初步掌握零部件的正确拆卸、组装和测试；

(6) 课时安排：机械类 4.5～5 天，非机械类 2～3 天。

4．钳工训练安全特别注意事项

(1) 训练时必须穿好工作服、劳保鞋和戴好工作帽；

(2) 严禁戴手套操作钻床；

(3) 不得用手擦或用嘴吹铁屑。

一、判断题

1. 用丝锥加工内螺纹，称为套螺纹。　　　　　　　　　　　　　　　　（　　）

2. 钻床可以进行钻孔、扩孔、铰孔和镗孔加工。 （　　）

3. 在已加工表面划线时，一般使用蓝油或石灰水作涂料。 （　　）

4. 锉削过程中，两手对锉刀压力的大小应保持不变。 （　　）

5. 划线的种类有平面划线和立体划线两种。 （　　）

6. 划线时，一般应选择设计基准为划线基准 （　　）

7. 攻螺纹时，螺纹底孔直径必须与内螺纹的小径尺寸一致。 （　　）

8. 钻孔时注入切削液，主要是起润滑作用，使孔壁表面光滑。 （　　）

9. 铰刀既能提高孔的尺寸精度和表面粗糙度，也能纠正原有孔的位置误差。 （　　）

10. 扩孔可以在一定程度上纠正原孔轴线的偏斜。 （　　）

二、填空题

1. 攻丝时每正转 0.5~1 圈后，应反转 1/4~1/2 圈，是为了＿＿＿＿＿＿＿＿＿。

2. 制造手用锯条的材料一般由＿＿＿＿＿＿＿制成。

3. 手工锯条按齿距大小可分为＿＿＿＿、＿＿＿＿和＿＿＿＿。

4. 麻花钻的工作部分包括＿＿＿＿和＿＿＿＿。

5. 钻孔时的轴向力主要由＿＿＿＿产生。

三、选择题

（一）单项选择题

1. 钢件上 M12×1.5 螺纹，在攻螺纹前钻孔直径应为（　　）。

　　A. ϕ10.5mm　　　　B. ϕ10.35mm　　　　C. ϕ12mm　　　　D. ϕ10mm

2. 钻头的柄部分为直柄和锥柄。下列叙述正确的一项是（　　）。

　　A. 直柄传递扭矩大　　　　　　　　B. 锥柄传递扭矩大

　　C. 直柄和锥柄传递扭矩一样大　　　D. 不确定

3. 手锯安装锯条时，锯齿尖应（　　）。

　　A. 向前　　　　　　　　　　　　B. 向后

　　C. 细齿向前，粗齿向后　　　　　D. 粗齿向前，细齿向后

4. 使用手锯，起锯时锯条与工件表面约成的角度是（　　）。

　　A. 45°　　　　　　B. 30°　　　　　　C. 15°　　　　　　D. 平行

5. 套螺纹的刀具和用其来加工的螺纹分别是（　　）。

　　A. 板牙，加工内螺纹　　　　　　B. 板牙，加工外螺纹

　　C. 丝锥，加工外螺纹　　　　　　D. 丝锥，加工内螺纹

6. 装配中拧紧成组螺栓（螺母）时，拧紧并循环两三次的顺序是（　　）。

　　A. 按顺时针方向依此拧紧　　　　B. 按逆时针方向依此拧紧

　　C. 按对角线一对一对拧紧　　　　D. 先拧一边，再拧另一边

7. 零件单件、小批量生产中，钻孔前需划线并打样冲眼，其目的是（　　）。

    A. 确定孔位，防止钻头偏　　　　　　B. 减小钻削阻力

    C. 减小钻头磨损　　　　　　　　　　D. 防止钻头打滑

8. 螺孔螺纹部分的深度一般要比螺栓应拧入的长度大 2～3 个螺距，原因是（　　）。

    A. 防止螺纹内掉入切屑　　　　　　　B. 攻螺纹后螺纹末端牙型不完整

    C. 防止螺钉过长　　　　　　　　　　D. 保证螺栓拧紧

9. 对螺孔进行攻螺纹，一般一套丝锥有（　　）。

    A. 一个　　　　　B. 两至三个　　　　C. 四个　　　　D. 不确定

10. 标准麻花钻的顶角为（　　）。

    A. $60°$　　　　　B. $90°$　　　　C. $118°$　　　　D. $120°$

11. 在工装（如模具）制造中，常用的装配方法是（　　）。

    A. 完全互换法　　　　　　　　　　　B. 选配法

    C. 调整法　　　　　　　　　　　　　D. 修配法

12. 在锉削加工余量较小或者在修正尺寸时，应采用（　　）。

    A. 顺向锉法　　　　　　　　　　　　B. 交叉锉法

    C. 推锉法　　　　　　　　　　　　　D. 滚锉法

13. 钻削加工时，钻头起主要切削作用的是（　　）。

    A. 两主切削刃　　　　　　　　　　　B. 横刃

    C. 两主切削和横刃　　　　　　　　　D. 副切销刃

14. 推锉法不适宜使用下列锉刀的是（　　）。

    A. 粗齿锉刀　　　B. 细齿锉刀　　　C. 油光锉刀　　　D. 什锦锉刀

15. 攻螺纹前的底孔直径应当（　　）螺纹的小径。

    A. 略小于　　　　B. 略大于　　　　C. 等于　　　　D. 不确定

16. 用板牙套螺纹时，圆杆的直径应（　　）螺纹大径。

    A. 大于　　　　　B. 小于　　　　C. 等于　　　　D. 不确定

17. 铰孔的主要作用是（　　）。

    A. 将孔扩大　　　　　　　　　　　　B. 去除毛刺

    C. 对孔进行精加工　　　　　　　　　D. 降低表面粗糙度

18. 在铸铁件上加工 M12×1.5 的螺纹，攻螺纹前的钻孔直径应为（　　）。

    A. $\phi10.5$　　　B. $\phi10.35$　　　C. $\phi12$　　　D. $\phi10$

19. 在零件图上用来确定其他点、线、面位置的基准，称为（　　）。

    A. 设计基准　　　B. 加工基准　　　C. 划线基准　　　D. 定位基准

20. 在加工零部件上的定位销孔时，应选择（　　）。

    A. 钻孔　　　　　B. 铰孔　　　　C. 扩孔　　　　D. 镗孔

21. 制造麻花钻的材料一般是（　　　）。

  A. 碳素工具钢　　　　　　　　　B. 高速钢

  C. 低合金工具钢　　　　　　　　D. 硬质合金

22. 钻孔时的切削热大部分传到（　　　）。

  A. 工件　　　　B. 刀具　　　　C. 切屑　　　　D. 机床

23. 麻花钻上用来传递钻削运动和钻孔时所需扭矩的组成部分是（　　　）。

  A. 柄部　　　　B. 颈部　　　　C. 导向部分　　　　D. 切削部分

（二）多项选择题

24. 单件小批量生产中，工件划线的作用是（　　　）。

  A. 检查毛坯的形状和尺寸是否合格　　　　B. 合理分配加工余量

  C. 作为工件安装和加工的依据　　　　　　D. 保证工件的位置精度

25. 选择锉刀的锉纹号（即锉齿的粗细），主要取决于工件的（　　　）。

  A. 材质　　　　　　　　　　　　B. 加工余量

  C. 加工精度　　　　　　　　　　D. 表面粗糙度

26. 装配时各配合零件不需要选择和修配即可满足装配精度的方法，称为（　　　）。

  A. 完全互换法　　　　　　　　　B. 不完全互换法

  C. 修配法　　　　　　　　　　　D. 调整法

27. 为了防止螺纹连接和使用过程中螺母发生松动，常用的防松措施有（　　　）。

  A. 使用双螺母　　　　　　　　　B. 使用弹簧垫圈

  C. 使用止动垫圈　　　　　　　　D. 使用开口销

四、连线题

1. 正确连接下列锯切不同的材料和应选用锯条种类。

  ①锯切中等硬度钢、厚壁铜管铸铁　　　　A. 粗齿锯条

  ②锯切软钢、黄铜、铝　　　　　　　　　B. 细齿锯条

  ③锯切板料及薄壁管　　　　　　　　　　C. 中齿锯条

2. 正确连线下列锉削方法。

  ①粗锉较大的平面　　　　　　　　A. 顺向锉

  ②锉平面修光　　　　　　　　　　B. 滚锉

  ③锉削外圆弧面　　　　　　　　　C. 交叉锉

  ④锉削窄长平面　　　　　　　　　D. 推锉

五、简答题

1. 试分析手工锯切时锯条折断的原因。

2. 为什么钻削的加工精度和表面质量难以提高？

3. 试分析手工锯切时锯缝产生歪斜的原因。

六、填写下列实习报告

实习工种		实习日期	
实习内容		实习工位	
实习时所使用的设备名称、型号		实习时所使用的工具、刀具、量具名称	
实习方法步骤			
本工种实践考核件名称			

第九章　先进制造技术

1. 训练目的

(1) 了解先进制造技术的基本概念；

(2) 了解先进制造技术的主要特征；

(3) 了解先进制造技术的发展方向。

2. 训练内容与步骤

(1) 理解先进制造技术的体系结构；

(2) 理解先进制造工艺及其应用；

(3) 理解制造系统综合自动化技术；

(4) 了解先进测量技术在机械设计与制造中的应用。

3. 训练要求和课时安排

(1) 重点掌握先进制造工艺及其应用；

(2) 本章内容主要以讲座方式集中进行，辅以现场教学演示和观摩；

(3) 本章内容主要为机械类专业设置，课时安排：1～2 天。

一、填空题

1. 先进制造技术是在传统制造技术的基础上，不断汲取_____

   等成果，并将其综合应用于产品的_____等整个产品

   的生命周期，取得显著的_____和_____效益。

2. 先进制造技术的基本特征有_____、_____、广泛性、_____和系

   统性。

3. 现代制造技术是_____流、_____流和_____流的统一。

4. 典型的 FMS 由_____、_____和_____组成。

5. 先进制造技术的发展方向有_____、_____、_____、

   _____、_____等。

二、单项选择题

1. 下列测量设备中属于接触式测量的有（　　　）。
   - A. 三维抄数机
   - B. 工业 CT
   - C. 三坐标测量仪
   - D. 影像式测量系统

2. CIMS 在先进制造技术体系中属于（　　　）。
   - A. 现代设计、制造工艺
   - B. 新型制造单元技术
   - C. 系统集成技术
   - D. 成组技术

3. 在超高速加工中，切削力随切削速度的提高而（　　　）。
   - A. 提高
   - B. 降低
   - C. 不变
   - D. 不一定

4. 《国家中长期科学和技术发展规划纲要》（2006 年）提出了我国装备制造业中长期发展的基本思路。在下列关于基本思路的选项中不正确的一项是（　　　）。
   - A. 提高装备设计、制造和集成能力
   - B. 积极发展绿色制造
   - C. 用高新技术改造和提升制造业
   - D. 扩大生产规模

5. 先进制造技术的特征之一是集成性，但下列选项中不属于集成性内容的是（　　　）。
   - A. 信息技术
   - B. 自动化技术
   - C. 管理技术
   - D. 能源技术

6. 由统一的信息控制系统、物料储运系统和一组数字控制加工设备组成，能适应加工对象变换的自动化制造系统，称为（　　　）。
   - A. 数控加工技术
   - B. 柔性制造系统
   - C. 网络制造技术
   - D. 敏捷制造技术

三、连线题

将下列先进制造技术的名称与其英文缩写连接起来。

①企业资源管理系统	A. FMS
②柔性制造系统	B. ERP
③计算机集成制造系统	C. CNC
④计算机辅助设计	D. CAM
⑤计算机数字控制	E. CAPP
⑥计算机辅助工艺规划	F. CIMS
⑦计算机辅助制造	G. CAD
⑧计算机辅助工程	H. CAE

四、填写下列实习报告

实习工种		实习日期	
实习内容		实习工位	
实习时所使用的设备名称、型号		实习时所使用的工具、刀具、量具名称	

实习方法步骤	
本工种实践考核件名称	

第十章　计算机辅助设计与制造技术

1. 训练目的

(1) 了解 CAD/CAM 一体化内容及其应用；

(2) 了解 CAD/CAM 系统硬件的组成；

(3) 了解 CAD/CAM 系统软件及其功能。

2. 训练内容与步骤

(1) 掌握"CAXA 制造工程师"软件的使用功能和操作方法；

(2) 初步掌握"CAXA 制造工程师"软件进行三维实体造型、自动编程和自动加工方法；

(3) 在教师指导下自主创意设计若干二维和三维图形，选择要加工部分自动生成加工程序并进行模拟操作；

(4) 初步掌握"CAXA 电子图板"软件的绘图方法；

(5) 初步掌握"CAXA 实体设计"软件的基本操作。

3. 训练要求和课时安排

(1) 重点掌握"CAXA 制造工程师"软件的应用，并按实习指导书要求完成实习内容；

(2) 运用"CAXA 制造工程师"软件进行创意设计；

(3) 课时安排：机械类 4.5～5 天，非机械类 2.5～3 天。

4. CAD/CAM 实习安全特别注意事项

(1) 不得在计算机上设置任何个人信息和密码，不得删除任何系统文件程序；

(2) 爱护计算机，不得使用自带移动硬盘或其他个人设备进行操作；

(3) 训练时不得上网聊天和玩游戏。

一、填空题

1. CAD/CAM 系统由_____和_____组成。

2. CAD/CAM 系统中，硬件部分由_____和_____组成。

3. CAD/CAM 系统中，软件部分由_____、_____和_____组成。

4. 一个较完整的 CAD/CAM 系统由_____、_____ 和_____三大模块组成。

5. 在实习中所使用的 CAD/CAM 一体化软件为_____。

6. 在 CAXA 制造工程师中，一般三维实体图应先绘制_____，再进行_____；
_____和三维曲面在空间状态（非草图）下产生。

7. CAXA 制造工程师所使用的文件格式为_____；CAXA 实体设计所使用的
文件格式为_____；CAXA 电子图板所使用的文件格式为_____。

8. 在 CAXA 实体设计中使用三维定位工具为_____。

二、选择题

（一）单项选择题

1. 在 CAD/CAM 整个过程中，需要人工介入最多的环节是（　　）。
   A. 零件设计　　　　　　　　　　　B. 计算机辅助编程
   C. 模拟加工　　　　　　　　　　　D. 数控加工

2. 下列各项中，不是图形交互自动编程软件的是（　　）。
   A. CAXA 制造工程师　　　　　　　B. AutoCAD
   C. YH 线切割　　　　　　　　　　D. Mastercam

3. 一个比较完整的 CAD/CAM 软件应包括（　　）。
   A. 产品设计、自动编制数控加工程序
   B. 产品造型、有关参数计算分析、自动编制数控加工程序
   C. 产品设计分析、自动编制数控加工程序
   D. 自动编制数控加工程序

4. 数控加工程序在 CAXA 制造工程师中转化成加工轮廓图时，需使用的标识符是（　　）。
   A. &　　　　　　B. %　　　　　　C. $　　　　　　D. @

5. 在使用 CAXA 制造工程师设计连杆时，大凸台凹坑的草图在（　　）内绘制。
   A. XY 面　　　　B. XZ 面　　　　C. YZ 面　　　　D. 空间任意面

6. 在使用 CAXA 制造工程师设计凸轮时，裁剪面是通过（　　）生成的。
   A. 扫描面　　　B. 旋转面　　　C. 导动面　　　D. 直纹面

7. 在使用 CAXA 制造工程师设计鼠标时，用（　　）方式生成顶面刀具轨迹。
   A. 轮廓线精加工　　　　　　　　　B. 参数线精加工
   C. 等高线精加工　　　　　　　　　D. 扫描线精加工

8. 在使用 CAXA 制造工程师设计鼠标时，裁剪面是通过（　　）生成的。
   A. 扫描面　　　B. 旋转面　　　C. 导动面　　　D. 直纹面

9. 在使用 CAXA 制造工程师设计铸模时，用（　　）方式生成铸模精加工轨迹。
   A. 轮廓线精加工　　　　　　　　　B. 参数线精加工
   C. 等高线精加工　　　　　　　　　D. 扫描线精加工

10. 在使用 CAXA 制造工程师设计荷花时，荷花设计完成的旋转工具是（　　）。

A. 旋转面工具   B. 空间旋转工具

C. 平面旋转工具   D. 阵列工具

11. 在使用 CAXA 制造工程师设计玩具小汽车上凸模时，用（   ）方式生成顶面刀具轨迹。

A. 轮廓线精加工   B. 参数线精加工

C. 等高线精加工   D. 扫描线精加工

12. CAXA 制造工程师不能实现的下列功能是（   ）。

A. 曲面造型功能   B. 实体造型功能

C. 装配功能   D. 数控加工功能

13. 下述 CAD/CAM 技术中，属于 CAD 范畴的是（   ）。

A. GT   B. CAPP   C. 数控加工   D. 几何造型

14. CAXA 实体设计中的三维球共有内外六个控制柄，其中用来进行点到点移动的控制柄是（   ）。

A. 外控制柄   B. 定向控制柄   C. 中心控制柄   D. 圆周

（二）多项选择题

15. CAXA 制造工程师在设计过程中不需要打开"草图"开关的是（   ）。

A. 三维参数化特征造型   B. 复杂曲线曲面造型

C. 分模   D. 曲面实体混合造型

16. CAXA 制造工程师可以（   ）。

A. 三维实体造型   B. 三维曲面造型

C. 画出三维装配图   D. 转换为工程视图

17. CAXA 制造工程师是（   ）。

A. 二维工程设计的软件   B. 三维造型设计的软件

C. CAD/CAM 一体化的软件   D. 数控加工、自动编程的软件

18. 在使用 CAXA 制造工程师绘连杆草图时，除画直线外，还用了以下曲线编辑功能的是（   ）。

A. 三点画圆弧   B. 圆心半径画圆

C. 线裁剪   D. 两点半径画圆

19. CAXA 制造工程师的加工仿真验证模块能够实现的功能有（   ）。

A. 仿真过程中可以随意放大、缩小、旋转，便于观察细节

B. 能显示多道加工轨迹的加工结果

C. 可以检查刀柄干涉、快速移动过程（G00）中的干涉和刀具无切削刃部分的干涉情况

D. 可以把切削仿真结果与零件理论形状进行比较，切削残余量用不同的颜色区分表示

20. 在 CAXA 实体设计中，可修改参考点的相对位置的方法有（   ）。

A. 利用移动锚点功能　　　　　　B. 利用三维球

C. 利用定位锚属性表　　　　　　D. 利用键盘输入坐标

三、填写下列实习报告

实习工种		实习日期	
实习内容		实习工位	
实习时所使用的设备名称、型号		实习时所使用的工具、刀具、量具名称	

实习方法步骤	
本工种实践考核件名称	

第十一章　数控加工技术

1. 训练目的

(1) 了解数控加工技术的基本知识；

(2) 学习和掌握数控加工编程方法；

(3) 了解数控车床、数控铣床的结构和组成原理；

(4) 了解先进制造技术发展方向。

2. 训练内容与步骤

(1) 了解数控车床、数控铣床（雕铣机、加工中心）的工作原理和结构组成；

(2) 了解数控加工工艺，熟悉零件加工程序的结构和格式，初步掌握数控加工程序的编写；

(3) 初步掌握数控线切割加工的绘图和加工方法；

(4) 初步掌握数控车床、数控铣床（雕铣机、加工中心）、数控线切割机床的操作。

3. 训练要求和课时安排

(1) 熟悉数控机床与普通机床的异同；

(2) 掌握数控车加工简单零件的手工编程；

(3) 按实习指导书要求，完成数控车床、数控铣床（雕铣机）、数控线切割加工零件的编程；

(4) 课时安排：机械类 4.5～5 天，非机械类 2.5～3 天，各工种循环或交替进行。

4. 数控训练安全特别注意事项

(1) 训练期间，必须穿好工作服、劳保鞋和戴好工作帽；

(2) 严禁戴手套操作机床；

(3) 严禁在数控加工时触摸各类电器开关；

(4) 在机床运转时，不得用手触摸工件、刀具，不得用手直接清除铁屑，测量工件必须停车进行；

(5) 程序输入前，必须经过指导老师校验后方可输入机床。

数控技术基础

一、判断题

1. 数控加工程序编制完成后即可进行正式加工。 （   ）
2. 数控机床可选用不同的数控系统，但数控加工程序指令都是完全相同的。 （   ）
3. 数控程序只有通过面板上的键盘才能输入数控系统。 （   ）
4. 轮廓控制系统仅要控制从一点到另一点的准确定位。 （   ）
5. 插补运动的实际轨迹始终不可能与理想轨迹完全相同。 （   ）
6. 开环伺服系统数控机床没有位置检测装置。 （   ）
7. 数控机床开机后，一般应先回参考点。 （   ）
8. 闭环伺服系统数控机床反馈装置可直接测量机床工作台的位移量。 （   ）
9. 机床坐标系以刀具远离工件表面为正方向。 （   ）
10. 数控机床的机床坐标原点和机床参考点是重合的。 （   ）

二、填空题

1. 数值控制是用_____的控制装置，在运行过程中，不断地引入_____，从而对某一生产过程实现自动控制。

2. 机床数控技术是指用_____对_____进行控制的一种方法。

3. 数控机床的基本组成包括_____和_____两大系统。

4. 数控机床按控制系统的特点分类，可分为_____和_____。

5. 数控机床按检测反馈装置分类，可分为_____、_____和_____。

6. 数控机床按工艺用途分类，可分为_____、_____、_____和_____。

7. 数控程序编制方法有两种：一种为_____，另一种为_____。

8. G00指令是_____功能代码，其含义是_____；G01指令是_____功能代码，其含义是_____。

9. 数控机床的机床坐标系采用_____判定 X、Y、Z 的正方向，其中"食指"表示_____轴，C 轴围绕_____旋转。

10. M03指令是_____功能代码，其含义是_____；M05指令是_____功能代码，其含义是_____。

11. F300指令是_____功能代码，其含义是_____；S1200指令是_____功能代码，其含义是_____；T01指令是_____功能代码，其含义是_____。

12. 数控机床编程时按坐标值的不同可分为_____编程和_____编程两种。

13. 数控机床进给轴的传动机构形式为_____。

14. 一个完整的程序包括_____、_____和_____三个部分。

三、单项选择题

1. 用于指令动作方式的辅助功能指令代码是（　　）代码。
   A. F　　　　　　　B. G　　　　　　　C. T　　　　　　　D. M

2. 用于指令动作方式的准备功能指令代码是（　　）代码。
   A. F　　　　　　　B. G　　　　　　　C. T　　　　　　　D. M

3. 一个完整的程序是由若干个（　　）组成的。
   A. 字　　　　　　B. 程序段　　　　　C. 字母　　　　　D. 数字

4. 对于数控机床开环控制系统的伺服电动机，一般采用（　　）。
   A. 直流伺服电动机　　　　　　　　B. 功率步进电动机
   C. 液压步进马达　　　　　　　　　D. 交流伺服电动机

5. 数控机床工作时，当发生任何异常现象需要紧急处理时应启动（　　）。
   A. 程序停止功能　　　　　　　　　B. 故障检测功能
   C. 急停功能　　　　　　　　　　　D. 暂停功能

6. G00 指令移动速度值是（　　）指定。
   A. 机床参数　　　B. 数控程序　　　C. 操作面板　　　D. 随意设定

7. G01 指令移动速度值是（　　）指定。
   A. 机床参数　　　B. 数控程序　　　C. 操作面板　　　D. 随意设定

8. 下列机床中，可采用点位控制的机床是（　　）。
   A. 数控铣床　　　B. 数控钻床　　　C. 数控磨床　　　D. 数控车床

9. 数控铣床的基本控制轴数是（　　）。
   A. 一轴　　　　　B. 二轴　　　　　C. 三轴　　　　　D. 四轴

10. 刀具指令 T0102 表示（　　）。
    A. 刀号为 1，补偿号为 002　　　　B. 刀号为 10，补偿号为 20
    C. 刀号为 01，补偿号为 02　　　　D. 刀号为 1002，补偿号为 0

11. 西门子数控系统准备功能 G90 表示（　　）。
    A. 预置功能　　　B. 固定循环　　　C. 绝对尺寸　　　D. 增量尺寸

12. 进给功能字 F 后的数字表示（　　）。
    A. 每分钟进给量（mm/min）　　　　B. 每秒钟进给量（mm/s）
    C. 每转进给量（mm/r）　　　　　　D. 螺纹螺距（mm）

13. 数控机床开机时，一般要进行回参考点操作，其目的是（　　）。

    A. 建立机床坐标系　　　　　　　　B. 建立工件坐标系

    C. 建立局部坐标系　　　　　　　　D. 确定机床原点

14. 编程人员在数控编程时，一般常使用（　　）。

    A. 机床坐标系　　　　　　　　　　B. 机床参考坐标系

    C. 直角坐标系　　　　　　　　　　D. 工件坐标系

15. 下列指令属于准备功能字的是（　　）。

    A. G01　　　　　　B. M08　　　　　　C. T01　　　　　　D. S500

16. 根据加工零件图样选定的编制零件程序的原点是（　　）。

    A. 机床原点　　　　B. 编程原点　　　　C. 加工原点　　　　D. 刀具原点

17. 用来指定圆弧插补的平面和刀具补偿平面为 XY 平面的指令是（　　）。

    A. G16　　　　　　B. G17　　　　　　C. G18　　　　　　D. G19

18. 撤销刀具长度补偿指令的是（　　）。

    A. G40　　　　　　B. G41　　　　　　C. G43　　　　　　D. G49

19. 数控铣床的 G41/G42 是对（　　）进行补偿。

    A. 刀尖圆弧半径　　　　　　　　　B. 刀具半径

    C. 刀具长度　　　　　　　　　　　D. 刀具角度

20. 在机床位移部件上直接安装有直线位移检测装置并检测最终位移输出量的机床称

    为（　　）数控机床。

    A. 开环控制　　　　B. 闭环控制　　　　C. 半闭环控制　　　　D. 点位控制

21. 相对坐标是指程序段的终点坐标相对于（　　）计量的。

    A. 本段起点　　　　B. 工件原点　　　　C. 机床原点　　　　D. 坐标原点

22. 数控加工时刀具相对运动的起点为（　　）。

    A. 换刀点　　　　　B. 刀位点　　　　　C. 对刀点　　　　　D. 机床原点

23. 准备功能 G90 表示的功能是（　　）

    A. 预置寄存　　　　B. 绝对坐标　　　　C. 相对坐标　　　　D. 工件参考点

24. 进给伺服系统对（　　）不产生影响。

    A. 进给速度　　　　B. 运动位置　　　　C. 加工精度　　　　D. 主轴转速

25. 测量与反馈装置的作用是为了提高机床的（　　）。

    A. 安全性　　　　　　　　　　　　B. 使用寿命

    C. 定位精度和加工精度　　　　　　D. 灵活性

26. 闭环进给伺服系统与半闭环进给伺服系统主要区别在于（　　）。

    A. 位置控制器　　　　　　　　　　B. 检测单元

    C. 伺服驱动器　　　　　　　　　　D. 控制对象

27. 闭环控制系统的检测装置装在（   ）。

    A. 电机轴或丝杆轴端   B. 机床工作台上

    C. 刀具主轴上   D. 工件主轴上

28. 数控机床开机后"回零点"是指回到（   ）。

    A. 对刀点   B. 刀位点   C. 机床参考点   D. 机床原点

29. 数控机床加工的主要几何要素为（   ）。

    A. 斜线和直线   B. 斜线和圆弧   C. 直线和圆弧   D. 圆弧和曲线

数 控 车 削 技 术

一、判断题

1. 在数控车床操作过程中，出现意外情况可以直接按下操作面板上的急停开关。（   ）

2. 在西门子 SINUMERIK802S 数控车系统编程中，G54 表示可设置的零点偏移，是用来建立工件坐标系的。（   ）

3. 数控车床在开机之后、首次自动加工零件之前必须回参考点。（   ）

4. 在 SINUMERIK802S 数控车系统编程中，G02 表示逆圆插补指令。（   ）

5. 在编制螺纹加工程序时，可以调用 LCYC97 循环。（   ）

6. 数控车加工时，对刀点可以设置在被加工零件上或夹具上，也可以设置在机床上面。（   ）

二、填空题

1. CK0630 数控车床型号中 C 表示＿＿＿＿＿＿＿＿，30 表示＿＿＿＿＿＿＿＿。

2. CK0630 数控车床主轴的伺服系统为＿＿＿＿＿＿＿＿＿＿＿＿＿，执行元件为＿＿＿＿＿＿＿＿＿＿＿。

3. CK0630 数控车床使用的数控系统是＿＿＿＿＿＿＿＿，其操作面板上的 K4 键的功能为＿＿＿＿＿＿＿＿＿＿＿。

4. 在用西门子 SINUMERIK802S 数控车系统进行程序编制时，指令 G90 表示＿＿＿＿＿＿＿＿＿＿＿。

5. 数控车床的主运动是＿＿＿＿＿＿＿＿＿，进给运动是＿＿＿＿＿＿＿＿＿。

三、单项选择题

1. 指出下面不属于数控车床组成的零部件是（   ）。

    A. 光杠和普通丝杠   B. 编码器

    C. 滚珠丝杠   D. 伺服电机或步进电机

2. 机床上一个固定不变的极限点是指（　　　）。

    A. 机床原点   B. 工件原点

    C. 换刀点   D. 对刀点

3. 数控机床的位置精度主要指标有（　　　）。

    A. 定位精度和重复定位精度   B. 几何精度

    C. 分辨率和脉冲当量   D. 主轴回转精度

4. 程序停止，程序复位到起始位置的指令是（　　　）。

    A. M00   B. M01   C. M02   D. M30

5. 在 SINUMERIK802S 数控车系统中，螺纹切削的指令是（　　　）。

    A. G90   B. G33   C. G94   D. G32

6. SINUMERIK802S 数控系统与计算机进行数据传递的方式是（　　　）。

    A. 网络   B. 软盘   C. RS232   D. U 盘

7. 在 SINUMERIK802S 数控车系统中，LCYC95 表示（　　　）。

    A. 退刀槽循环   B. 镗孔循环

    C. 坯料切削循环   D. 螺纹切削循环

8. 在数控车床坐标中，Z 轴是（　　　）的方向。

    A. 与主轴垂直   B. 与主轴平行   C. 主轴旋转   D. 刀架旋转

9. 数控装置发出的一个进给脉冲所对应的机床坐标轴的位移量称为（　　　）。

    A. 脉冲间隔   B. 脉冲频率   C. 脉冲宽度   D. 脉冲当量

10. 你训练使用的车床床身的布局形式为（　　　）。

    A. 平床身   B. 斜床身   C. 平床身斜滑板   D. 立床身

四、数控编程练习题

在图 1～图 8 中，选取 1～2 个零件进行基点（切点）计算和数控编程，并将程序写出来。

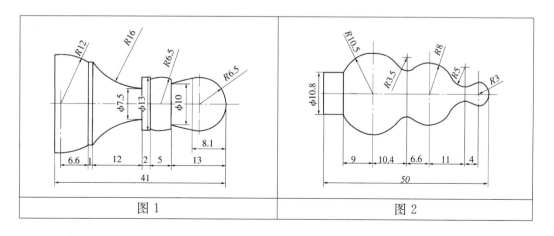

| 图 1 | 图 2 |

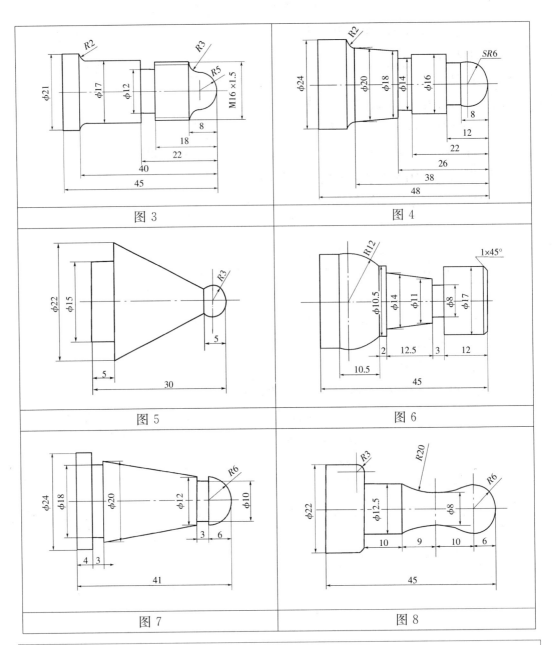

图 3

图 4

图 5

图 6

图 7

图 8

计算与编程：

数控铣削技术（含雕铣机、加工中心）

一、判断题

1. 数控铣床的工件坐标系与机床坐标系坐标轴方向相同，但坐标原点不同。　（　　　）

2. 数控铣床的机床参考点与机床原点是同一点。　（　　　）

3. DNC 方式是指用 CAM 软件进行零件加工的方式。　（　　　）

二、填空题

1. 数控铣床的主运动是＿＿＿＿＿＿＿＿＿，进给运动是＿＿＿＿＿＿＿＿＿。

2. 加工中心是一种带＿＿＿＿＿＿＿和＿＿＿＿＿＿＿＿的数控机床。

3. SK－DX5060B 数控雕铣机提供的两种对刀方式分别为＿＿＿＿＿＿＿和
＿＿＿＿＿＿＿＿。

4. 高速主轴的驱动多采用＿＿＿＿＿＿＿主轴，这种主轴结构紧凑，重量轻和惯性小，
有利于提高主轴启动或停止时的＿＿＿＿＿＿＿。

5. SK－DX5060B 数控雕铣机采用的系统软件是＿＿＿＿＿＿＿，应用软件是
＿＿＿＿＿＿＿。

6. SK－DX5060B 数控雕铣机采用＿＿＿＿＿＿＿使计算机与伺服系统进行连接，完
成信号的输入与输出。

三、选择题

（一）单项选择题

1. 你在实习时的数控铣床轴数是（　　　）。

　　A. 2 轴（X、Y 轴）　　　　　　　　B. 2 轴（X、Z 轴）

　　C. 3 轴（X、Y、Z 轴）　　　　　D. 4 轴（X、Y、Z、C 轴）

2. 数控系统所规定的最小设定单位就是（　　　）。

　　A. 机床的运动精度　　　　　　　　B. 机床的加工精度

　　C. 脉冲当量　　　　　　　　　　　D. 分辨率

3. 在 SINUMERIK802S 数控铣床的操作面板上，JOG 按钮表示（　　　），AUTO 按
钮表示（　　　）。

　　A. 自动方式，手动方式　　　　　　B. 手动方式，自动方式

　　C. 回参考点，自动执行　　　　　　D. 手动输入，自动执行

4. 在 SINUMERIK802S 数控系统中的（　　　）区域设定铣床的对刀信息。

　　A. 加工　　　　　B. 通信　　　　　C. 程序　　　　　D. 参数

5. 在 SINUMERIK802S 数控系统中，调用存储器内的程序是在（　　）区域。

　　A. 加工　　　　　　B. 通讯　　　　　　C. 诊断　　　　　　D. 程序

6. 在 SINUMERIK802S 数控系统中，通讯端口 RS232 设置在（　　）区域。

　　A. 加工　　　　　　B. 通讯　　　　　　C. 诊断　　　　　　D. 程序

7. 数控铣床进行自动加工时，用（　　）按钮把计算机中的程序传到数控铣床和执行自动加工。

　　A. 执行外部程序　　　　　　　　　B. cyclestart

　　C. cyclestop　　　　　　　　　　D. reset

8. 训练时，在 CAXA 制造工程师中选用（　　）加工方式生成刀具轨迹。

　　A. 参数线加工　　　　　　　　　　B. 平面轮廓精加工

　　C. 平面区域加工　　　　　　　　　D. 轮廓线精加工

9. 下面这段数控铣床加工程序表示（　　）。

　　　　G90　G54　M03　S300；

　　　　G01　X0　Y－8　Z0　F100；

　　　　G02　X0　Y8　I0　J8；

　　　　G01　X20　Y10；

　　　　G01　Z20；M02

　　A. 加工的是两条直线

　　B. 加工的是一条圆弧一条直线，直线和圆弧不连接

　　C. 加工的是一条圆弧一条直线，直线和圆弧连接但不相切

　　D. 加工的是一条圆弧一条直线，直线和圆弧相切

10. 下列零部件不是数控铣床组成部分的是（　　）。

　　A. 滚珠丝杠　　　　　　　　　　　B. 步进电机或伺服电机

　　C. 电动旋转刀架　　　　　　　　　D. 数控装置

11. SK－DX5060B 数控雕铣机进给伺服系统的执行元件是（　　）。

　　A. 功率步进电机　　　　　　　　　B. 直流伺服电机

　　C. 交流伺服电机　　　　　　　　　D. 直线电动机

12. 加工中心编程与数控铣床编程的主要区别是（　　）。

　　A. 指令格式　　　B. 换刀程序　　　C. 宏程序　　　D. 指令功能

13. 按照机床运动的控制特点分类，加工中心属于（　　）。

　　A. 点位控制　　　B. 直线控制　　　C. 轮廓控制　　　D. 远程控制

14. 以下情况发生后，通常加工中心并不报警的一项是（　　）。

　　A. 润滑液不足　　　　　　　　　　B. 指令错误

　　C. 机床振动　　　　　　　　　　　D. 超程

（二）多项选择题

15. 在 SINUMERIK802S 数控系统中，在（　　　　）区域可调用计算机上的数控程序。

　　A. 加工　　　B. 通讯　　　C. 诊断　　　　D. 程序　　　　E. 参数

16. 西门子 SINUMERIK802S 数控系统由（　　　　）区域组成。

　　A. 程序　　　B. 通讯　　　C. 加工　　　D. 参数　　　E. 诊断　　　F. 报警

17. 可在数控铣床加工的零件有（　　　　）。

　　A. 轴类零件　　　　B. 连杆　　　　C. 键槽　　　　　D. 平面

18. SK－DX5060B 数控雕铣机的进给运动有（　　　　）。

　　A. 工件在 Y 方向移动　　　　　　B. 工件在 X 方向移动

　　C. 工件在 Z 方向移动　　　　　　D. 刀具在 Z 方向移动

　　E. 刀具在 X 方向移动　　　　　　F. 刀具在 Y 方向移动

19. SK－DX5060B 数控雕铣机提供的数据传递接口有（　　　　）。

　　A. USB　　　　　B. 网络　　　　C. 软盘　　　　D. RS232

四、填写下列实习报告

实习工种		实习日期	
实习内容		实习工位	
实习时所使用的设备名称、型号		实习时所使用的工具、刀具、量具名称	
实习方法步骤			
本工种实践考核件名称			

第十二章　特种加工技术

1. 训练目的

(1) 了解特种加工技术的基本知识；

(2) 学习和掌握数控电火花线切割加工编程方法；

(3) 了解数控电火花线切割机床的结构和组成原理；

(4) 了解先进特种加工技术发展方向。

2. 训练内容与步骤

(1) 了解数控电火花线切割机床、电火花成型加工机床的工作原理和结构组成；

(2) 了解数控加工工艺，熟悉零件加工程序的结构和格式，初步掌握数控加工程序的编写；

(3) 初步掌握数控线切割加工的绘图和加工方法；

(4) 初步掌握数控线切割机床的操作方法。

3. 训练要求和课时安排

(1) 熟悉数控机床与普通机床的异同；

(2) 掌握数控车加工简单零件的手工编程；

(3) 按训练指导书要求，完成数控车床、数控铣床（雕铣机）、数控线切割加工零件的编程；

(4) 课时安排：机械类 4.5～5 天，非机械类 2.5～3 天，各工种循环或交替进行。

4. 特种加工注意事项

(1) 训练期间，必须穿好工作服、劳保鞋和戴好工作帽；

(2) 严禁戴手套操作机床；

(3) 严禁在数控线切割操作时一手触摸电极，一手触摸机床；

(4) 在机床运转时，不得用手触摸工件、刀具，不得用手直接清除铁屑，测量工件必须停车进行；

(5) 程序输入前，必须经过指导老师校验后方可输入机床。

一、判断题

1. 电火花成型可用于型腔加工。　　　　　　　　　　　　　　　　　　　（　　）

2. 数控线切割机床在图形加工程序输入后，只能切出 1∶1 的图形。 （　　）

3. 电火花成型和电火花线切割加工方法应用于各种模具及复杂零件的加工。 （　　）

4. 快走丝式电火花线切割机床加工零件的最高尺寸精度为 0.02mm。 （　　）

5. 慢走丝式电火花线切割机床加工零件时，线电极工作状态为往复运行。 （　　）

6. 电火花加工必须在绝缘的工作液体中进行。 （　　）

7. 电火花加工工件和工具之间直接接触加工。 （　　）

二、填空题

1. 电火花加工是利用_____和_____之间的火花放电，产生瞬时_____将金属溶化蚀除。

2. 超声波加工中，超声波发生器将_____转变为超声频电振荡，通过_____将超声频电振荡转变为_____。

3. 激光加工中，激光器发出的激光经过_____后照射到要加工面，转化为_____能。

4. 水射流加工是利用_____及混合于水的磨料对材料进行切割、打孔和表面材料的去除等加工。

5. DK7725 数控电火花切割机床，其中 D 的含义是_____，K 的含义是_____，25 的含义是_____。

三、选择题

（一）单项选择题

1. 下列不属于特种加工类的机床是（　　）。

　　A. 线切割机床　　　　　　　　B. 电火花成型机

　　C. 激光雕刻机　　　　　　　　D. 数控雕铣机

2. 电火花加工机床加工时所用的电源是（　　）。

　　A. 交流电源　　B. 直流电源　　C. 高压电源　　D. 脉冲电源

3. 线切割加工的工件材料，应具的物理性能是（　　）。

　　A. 导电性　　　　　　　　　　B. 绝缘性

　　C. 有微弱的反光性　　　　　　D. 低熔点

4. 线切割加工的材料范围是（　　）。

　　A. 非淬火材料　　　　　　　　B. 黑色金属

　　C. 各种硬度的导电材料　　　　D. 金属材料

5. 电解加工时工件与工具之间加载（　　）电压。

　　A. 交流　　　　　B. 直流　　　　　C. 脉冲　　　　　D. 高频

6. 下列型面，可用线切割机床加工的是（　　）。

A. 方形不通孔　　　　　　　　　B. 手柄的曲线回转面

C. 淬火钢件上的多边形通孔　　　D. 光学玻璃上的窄缝

7. 电火花线切割加工时使用的工作液为（　　　）。

    A. 煤油　　　　　　B. 机械油　　　　　　C. 水　　　　　　D. 特制乳化液

8. 你在电火花线切割加工实习时使用的电极丝为（　　　）。

    A. 铜丝　　　　　　B. 钼丝　　　　　　C. 钨丝　　　　　　D. 钢丝

9. 利用电能和热能进行加工的方法是（　　　）。

    A. 电解加工　　　　B. 激光加工　　　　C. 电火花加工　　　　D. 超声波加工

10. 电火花加工过程有四个阶段：①由于电火花放电，工件电极材料产生溶化、气化、热膨胀；②介质电离、被击穿，形成放电通路；③间隙介质消电离组成；④抛出蚀除物。其中加工过程正确的顺序是（　　　）。

    A. ①②③④　　　B. ②①③④　　　C. ①②④③　　　D. ②①④③

11. 要加工手机面板的金属凹模，选择的加工方法是（　　　）。

    A. 电火花线切割　　　　　　　　B. 电火花成型

C. 快速成型　　　　　　　　　　D. 电解加工

（二）多项选择题

12. 特种加工与传统切削加工相比的特点是（　　　）。

    A. 工具与工件之间不存在显著的机械切削力

    B. 依靠机械力来加工零件

    C. 工具的硬度必须大于工件材料的硬度

    D. 工具的硬度可以低于工件的硬度

13. 线切割加工时，需要正确选择和调整参数是（　　　）。

    A. 脉冲宽度　　　B. 脉冲间隔　　　C. 进给速度　　　D. 电压

14. 线切割机床可加工的材料是（　　　）。

    A. 铸铁　　　　　　　　　　　　B. 淬火钢

C. 硬质合金　　　　　　　　　　D. 人造金刚石

15. 下列加工技术属于溶解加工的是（　　　）。

    A. 化学抛光　　　　　　　　　　B. 电化学加工

C. 光化学加工　　　　　　　　　D. 化学镀

16. 下列加工技术属于堆积加工的是（　　　）

    A. 化学镀　　　　　　　　　　　B. 电化学加工

C. 等离子喷涂　　　　　　　　　D. 电镀

17. 下列加工技术不属于特种机械加工的是（　　　）。

    A. 超声波加工　　　　　　　　　B. 电泳磨削加工

C. 等离子束加工   D. 选择性激光烧结

18. 线切割机床常用的指令代码标准为（   ）。

    A. ISO 代码   B. GB 代码   C. EIA 代码   D. 3B 代码

四、填写下列实习报告

实习工种		实习日期	
实习内容		实习工位	
实习时所使用的设备名称、型号		实习时所使用的工具、刀具、量具名称	
实习方法步骤			
本工种实践考核件名称			

第十三章 快速原型制造技术和反求工程

1. 训练目的

(1) 了解快速原型制造技术和反求技术的工作原理;

(2) 了解常见的快速原型制造方法;

(3) 了解融熔式快速成型床的结构和组成原理。

2. 训练内容与步骤

1. 了解融熔式快速成型床的结构和组成原理;

2. 了解快速原型制造技术在工业产品设计中的应用;

3. 了解反求技术在工业产品设计中的应用。

3. 训练要求和课时安排

1. 初步掌握零件反求测量技术和产品建模技术;

2. 观摩产品快速成型过程;

3. 课时安排:机械类 1～2 天,非机械类 0.5～1 天。

4. 训练注意事项

1. 训练期间,必须穿好工作服、劳保鞋和戴好工作帽;

2. 严禁戴手套操作机床;

3. 严禁在机床操作时一手触摸电极,一手触摸机床;

4. 在机床运转时,不得用手触摸工件、喷嘴,不得用手直接清除铁屑,测量工件必须停车进行。

一、填空题

1. 快速原型制造技术是一种根据 CAD 信息数据把成形材料_____而制造原型的工艺过程,即其只要特征为_____。

2. 快速原型系统按成形工艺可分为_____和_____两大类。

3. 立体光刻技术是指_____通过_____的工业技术应用。

4. LOM 工艺中,激光束依据_____切割薄形材料。

5. SLS 工艺中,用于固态粉末烧结的激光器由_____和_____两种。

6. SLS 工艺中,若加工原料为塑料粉末,通常使用_____激光器。

7. FDM 工艺常用 _____ 作为成形材料。

8. 反求工程主要方法有 _____ 、 _____ 和 _____ 。

9. 在实物反求过程中，一般采用 _____ 方法建立 CAD 模型。

10. 现在生产的 3－DP 类成型机主要有 _____ 和 _____ 两类。

二、判断题

1. 在立体光刻技术中，成型空间和液态树脂在同一容器内。 （   ）

2. FDM 和 MEM 是两种完全不同的快速原型工艺。 （   ）

3. 快速原型机可直接使用 Pro/E 等生成的三维模型文件加工。 （   ）

4. MEM－300 快速成型机在 Z 方向上是喷头做上下移动。 （   ）

5. 所有的快速原型一般都需要采用激光作为加工能源。 （   ）

三、选择题

（一）单项选择题

1. 按现代成型技术的观点，快速原型的成型方式属于（   ）类。

    A. 去除成型　　　　　　　　　　B. 添加成型

    C. 受阻成型　　　　　　　　　　D. 生长成型

2. 光刻技术中通常使用的是（   ）激光束。

    A. X 射线　　　　　　　　　　　B. 红外线

    C. 可见光　　　　　　　　　　　D. 紫外线

3. 下列快速原型制造技术中未采用激光束的是（   ）。

    A. SL　　　　　　　　　　　　　B. SLS

    C. 3－DP　　　　　　　　　　　D. LOM

4. 下列快速原型制造技术中采用基于喷射技术的成形方法为（   ）。

    A. FDM　　　　　　　　　　　　B. SLS

    C. LOM　　　　　　　　　　　　D. SL

5. 下列原料中可用作分层实体制造工艺的是（   ）。

    A. 薄纸片　　　　　　　　　　　B. 金属厚板

    C. 陶瓷球　　　　　　　　　　　D. 液态树脂

6. SLS 工艺中，所使用原材料的状态为（   ）。

    A. 液态　　　　B. 气态　　　　C. 粉末　　　　D. 固体

7. 3－DP 工艺中，所喷射出成型材料的状态为（   ）。

    A. 粉末　　　　B. 液态　　　　C. 气态　　　　D. 固体

8. 下列快速原型制造技术中，成本相对低廉的是（　　　　）。

    A. LOM　　　　　　B. SLS　　　　　　C. FDM　　　　　　D. SL

9. 反求工程与快速原型技术集成的数据交换格式一般为（　　　　）。

    A. DXF　　　　　　B. MXE　　　　　　C. DWF　　　　　　D. STL

10. FDM类的快速成型机的喷头在计算机控制下按相关截面轮廓信息作（　　　　）运动。

    A. $X-Y$ 面　　　　B. $X-Z$ 面　　　　C. $Y-Z$ 面　　　　D. 任意空间

（二）多项选择题

11. LOM工艺中，热压辊的作用是（　　　　）。

    A. 切割　　　　　　B. 加热　　　　　　C. 加压　　　　　　D. 扫描

12. SLS工艺中，为提高成型件力学，通常需对烧结件作处理，其方法有（　　　　）。

    A. 高温烧结　　　　　　　　　　　B. 热等静压

    C. 熔浸　　　　　　　　　　　　　D. 浸渍

13. MEM－300快速成型机制造系统所配备的温度控制器是（　　　　）。

    A. 检测与控制成型喷嘴　　　　　　B. 支撑喷嘴

    C. 成型室　　　　　　　　　　　　D. 成型机周围

14. 下列快速原型制造技术中采用激光束的是（　　　　）。

    A. MEM　　　　　　　　　　　　B. SLS

    C. SL　　　　　　　　　　　　　D. LOM

15. 下列成型方式不属于添加成型类的是（　　　　）。

    A. 粉末冶金　　　　　　　　　　　B. 激光打孔

    C. 选择性激光烧结　　　　　　　　D. 注塑

四、简述题

简要说明反求工程与快速原型制造的基本原理

五、填写下列实习报告

实习工种		实习日期	
实习内容		实习工位	
实习时所使用的设备名称、型号		实习时所使用的工具、刀具、量具名称	

实习方法步骤	
本工种实践考核件名称	

第十四章　机械制造工艺初步与综合训练

1. 训练目的

(1) 了解机械零件制造的工艺过程；

(2) 理解零件的结构工艺性；

(3) 了解典型零件的工艺规程。

2. 训练内容与步骤

(1) 理解零件的结构工艺性要求；

(2) 初步掌握简单零件的加工工艺规程设计；

(3) 了解零件毛坯的选择原则和零件加工工艺路线；

(4) 理解机械加工工时与成本的概念。

3. 训练要求和课时安排

(1) 重点掌握典型零件的加工工艺规程设计；

(2) 本章内容主要以讲座方式集中进行，并安排工艺设计综合训练；

(3) 本章内容主要为机械类专业设置，课时安排：1~2 天。

一、判断题

1. 在生产中直接改变生产对象（零件）的形状、尺寸和相对位置，使之成为成品或半成品的过程称为生产过程。　　　　　　　　　　　　　　（　　）

2. 在加工中，工件在机床或夹具上定位时所用的基准称为设计基准。　（　　）

3. 在安排加工工序时，要先加工主要表面，后加工次要表面。　　　（　　）

4. 轴类零件的淬火热处理安排在粗加工后、精加工前。　　　　　　（　　）

二、填空题

1. 工艺基准分为＿＿＿＿＿＿、＿＿＿＿＿＿和＿＿＿＿＿＿。

2. 以未加工表面作定位基准的定位表面称为＿＿＿＿＿＿。

3. 铸件和锻件毛坯在机械加工前一般要进行退火或正火处理，其目的是＿＿＿＿＿＿＿＿＿＿＿。

4. 切削加工中需从毛坯上切除的那层金属称为＿＿＿＿＿＿，从毛坯到成品总共需要切除的余量称为_____。

三、选择题

（一）单项选择题

1. 在加工表面、刀具、转速和进给量都不变情况下，连续完成的那一部分内容称为（　　　）。

    A. 工艺　　　　　　B. 工序　　　　　　C. 工步　　　　　　D. 走刀

2. 致密度要求较高的铸造零件，如铜套、轴瓦等，一般应采用（　　　）。

    A. 压力铸造　　　　　　　　　　　B. 离心铸造

    C. 砂型铸造　　　　　　　　　　　D. 熔模铸造

3. 对于批量生产阶梯轴类零件，当各阶梯直径相差较大时，其毛坯通常采用（　　　）。

    A. 自由锻毛坯　　　　　　　　　　B. 模锻毛坯

    C. 胎模锻毛坯　　　　　　　　　　D. 棒料毛坯

4. 箱体零件（如车床主轴箱）中的孔系加工，通常采用（　　　）。

    A. 铣削加工　　　　B. 车削加工　　　　C. 镗削加工　　　　D. 钻削加工

5. 零件的调质处理（淬火＋高温回火）工序，通常应安排在（　　　）。

    A. 粗加工之前　　　　　　　　　　B. 精加工之前

    C. 精加工之后　　　　　　　　　　D. ABC 均可

6. 对于带孔、外圆与端面所组成的盘类零件，要求在一次性安装中加工的目的是为了（　　　）。

    A. 提高生产率　　　　　　　　　　B. 减少装夹次数

    C. 保证形状精度　　　　　　　　　D. 保证位置精度

7. 对于硬度要求较高且需要磨削加工的钢件，其淬火处理工艺要安排在（　　　）。

    A. 磨削之前　　　　B. 磨削之后　　　　C. AB 均可　　　　D. 不确定

8. 在每一工序中确定加工表面的尺寸和位置所依据的基准，称为（　　　）。

    A. 设计基准　　　　　　　　　　　B. 工序基准

    C. 定位基准　　　　　　　　　　　D. 测量基准

9. 零件在机械加工工艺过程组成的基本单元是（　　　）。

    A. 工步　　　　　　B. 工序　　　　　　C. 安装　　　　　　D. 走刀

10. 划分工序的原则是加工地点不变和（　　　）。

    A. 加工表面不变　　　　　　　　　B. 加工刀具不变

    C. 切削用量不变　　　　　　　　　D. 加工过程连续

11. 工件在某台机床（或某个地点）上，连续进行的那一部分工艺过程称为（　　　）。

    A. 工序　　　　　　B. 工步　　　　　　C. 工位　　　　　　D. 走刀

12. 制造企业从原材料进货到制成的产品投入市场，其所有劳动过程的总和称为（　　　）。

　　A. 研发过程　　　　B. 生产过程　　　　C. 工艺过程　　　　D. 加工过程

13. 加工时，工件在一次装夹后，在机床所占据的每一个工作位置称为（　　　）。

　　A. 安装　　　　　　B. 工步　　　　　　C. 工位　　　　　　D. 走刀

14. 轴类零件在各道工序中均采用中心孔作定位基准，是符合（　　　）。

　　A. 基准统一原则　　　　　　　　　　B. 基准重合原则

　　C. 互为基准原则　　　　　　　　　　D. 自为基准原则

15. 在切削加工时，下列对表面粗糙度没有影响的因素是（　　　）。

　　A. 刀具几何形状　　　　　　　　　　B. 切削用量

　　C. 工件材料　　　　　　　　　　　　D. 检测方法

16. 磨削用量对表面粗糙度的影响中，影响最显著的因素是（　　　）。

　　A. 工件线速度　　　　　　　　　　　B. 砂轮线速度

　　C. 进给量　　　　　　　　　　　　　D. 磨削深度

17. 机械加工工艺系统的组成是（　　　）。

　　A. 刀具、量具、夹具和辅具　　　　　B. 机床、夹具、刀具和辅具

　　C. 机床、夹具、刀具和量具　　　　　D. 机床、夹具、刀具和工件

18. 零件加工后的实际几何参数与理想几何参数的符合程度称为（　　　）。

　　A. 设计精度　　　　B. 加工精度　　　　C. 加工误差　　　　D. 原始误差

19. 对于阶梯轴零件，各台阶直径相差不大、加工数量很少且机械性能要求不高时可选用（　　　）毛坯。

　　A. 锻件　　　　　　B. 铸件　　　　　　C. 棒料　　　　　　D. 焊接件

20. 加工内齿轮齿形的方法是（　　　）。

　　A. 滚齿　　　　　　B. 插齿　　　　　　C. 铣齿　　　　　　D. 磨齿

21. 组成机器的基本单元是（　　　）。

　　A. 合件　　　　　　B. 部件　　　　　　C. 组件　　　　　　D. 零件

22. 大批量生产的装配工艺方法大多是（　　　）。

　　A. 按互换法装配　　　　　　　　　　B. 以调整法为主

　　C. 以修配法为主　　　　　　　　　　D. 分组装配法为主

23. 单件小批量生产、装配精度要求较高、组成零件数较多时，应采用（　　　）。

　　A. 互换装配法　　　　　　　　　　　B. 分组装配法

　　C. 修配装配法　　　　　　　　　　　D. 调整装配法

（二）多项选择题

24. 对于尺寸较大的零件毛坯，根据其使用要求不同，通常采用（　　　）。

　　A. 模锻　　　　　　　　　　　　　　B. 自由锻

C. 砂型铸造　　　　　　　　　　　D. 熔模铸造

25. 零件的结构工艺性除铸造工艺性、锻造工艺性外，还包括（　　　　　）。

A. 焊接工艺性　　　　　　　　　　B. 切削加工工艺性

C. 热处理工艺性　　　　　　　　　D. 装配工艺性

26. 切削加工顺序的安排一般原则有（　　　　　）。

A. 先粗后精　　　　　　　　　　　B. 先主后次

C. 先里后外　　　　　　　　　　　D. 先基准后其他

27. 选用毛坯时，应遵循的主要原则有（　　　　　）。

A. 满足材料的工艺性能要求　　　　B. 降低制造成本

C. 满足零件的使用性能要求　　　　D. 符合生产条件

四、连线题

连接下列机床零部件与正确的毛坯形式。

①机床传动齿轮　　　　　　　　A. 铸造毛坯

②机床主轴　　　　　　　　　　B. 锻造毛坯

③车床尾架　　　　　　　　　　C. 冲压毛坯

④皮带轮外罩　　　　　　　　　D. 锻造毛坯

五、简答题

1. 对具有较高精度表面的零件为什么要将粗加工、精加工分开进行？

2. 加工轴类零件时，通常以什么作为统一的精基准？为什么？

3. 加工顺序安排的一般原则是什么？

4. 为便于切削加工和装配，试改进下列零件的结构（可在原图上改），并简述理由。

（1）加工键槽。

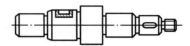

（2）内孔需要磨削。

5. 为便于切削加工和装配，试改进下列图例的结构（可在原图上修改）。

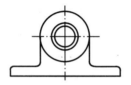

6. 试比较下列每组图例结构的优劣，对结构工艺性好的，说明其好的理由。

（1）

（2）

7. 试比较下列每组图例结构的优劣，对结构工艺性好的，说明好的理由。

六、综合题

1. 下图是一台减速机，常用于各类机械减速，且大多是批量生产。根据视图，回答下列问题：

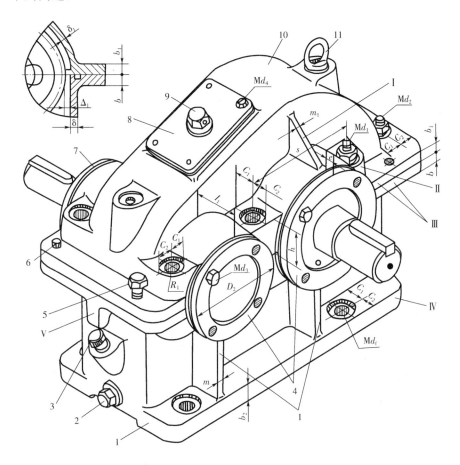

1—箱座　2—螺塞　3—油尺　4—轴承盖　5—起盖螺钉　6—定位销
7—调整垫片　8—检查孔盖　9—通气器　10—箱盖　11—吊环螺钉

（1）该减速机的输入输出轴的常用材料应采用（　　）。

　　A. 高碳钢　　　　　B. 中碳钢　　　　　　C. 低碳钢　　　　　D. 铸铁

（2）该减速机箱体的成型方法是（　　　　）。

    A. 冲压成型   B. 锻造成型

    C. 焊接成型   D. 铸造成型

（3）该减速机的输入输出轴的主要功用是（　　　　）。

    A. 芯轴   B. 转轴

    C. 传动轴   D. 不确定

（4）该减速机的输入输出轴属于回转体零件，并且需要安装轴承和加工键槽，因此通常所需机床是（　　　　）。

    A. 车床、刨床和磨床   B. 车床、铣床和磨床

    C. 铣床、刨床和磨床   D. 车床、铣床和刨床

（5）该减速机的输入输出轴要承载较大的扭矩，因此轴的毛坯形式采用（　　　　）。

    A. 铸造   B. 锻造

    C. 棒料（圆钢）   D. 不确定

（6）从减速机外形结构可以看出该减速机属于（　　　　）。

    A. 单级减速   B. 两级减速

    C. 三级减速   D. 无极调速

（7）从减速机外形结构看，该减速机是一台（　　　　）。

    A. 蜗轮蜗杆减速机   B. 圆柱齿轮减速机

    C. 行星齿轮减速机   D. 摆线齿轮减速机

（8）该减速机上两组轴承孔通常在（　　　　）加工。

    A. 车床   B. 铣床

    C. 镗床   D. 钻床

（9）该减速机传动齿轮通常的加工方法应当是（　　　　）。

    A. 铣齿   B. 插齿

    B. 滚齿   B. 刨齿

（10）该减速机对输入输出轴力学性能有较高要求，它的热处理工艺应当是（　　　　）。

    A. 高频淬火   B. 正火处理

    C. 调质处理   D. 渗碳淬火

（11）假设该减速机是一台圆柱斜齿轮减速机，则它所采用的轴承应当是（　　　　）。

    A. 滚动球轴承   B. 圆锥滚子轴承

    C. 圆柱滚子轴承   D. 滚针轴承

（12）试选择该减速机传动齿轮合理的工艺路线。

    ①下料（圆钢）   ②退火   ③锻造   ④粗车   ⑤钻孔（6×ϕ45）

    ⑥调质   ⑦精车   ⑧滚齿   ⑨插键槽   ⑩轮齿表面渗碳淬火   ⑪磨齿

2. 试写出如图所示齿轮的加工工艺方案（数量为 200 件）。

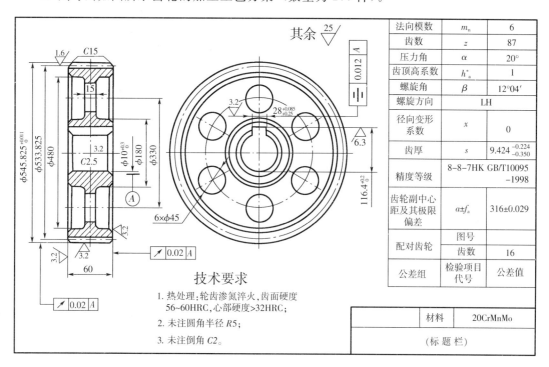

其余 $\overset{25}{\triangledown}$

法向模数	m_n	6
齿数	z	87
压力角	α	20°
齿顶高系数	h_a^*	1
螺旋角	β	12°04′
螺旋方向		LH
径向变形系数	x	0
齿厚	s	$9.424_{-0.350}^{-0.224}$
精度等级		8-8-7HK GB/T10095 -1998
齿轮副中心距及其极限偏差	$a \pm f_a$	316±0.029
配对齿轮	图号	
	齿数	16
公差组	检验项目代号	公差值

	材料	20CrMnMo
	(标题栏)	

技术要求

1. 热处理:轮齿渗氮淬火,齿面硬度 56~60HRC,心部硬度>32HRC;

2. 未注圆角半径 $R5$;

3. 未注倒角 $C2$。

七、填写下列实习报告

实习工种		实习日期	
实习内容		实习工位	
实习时所使用的设备名称、型号		实习时所使用的工具、刀具、量具名称	
实习方法步骤			
本工种实践考核件名称			

第十五章 机械制造创新训练

1. 训练目的

(1) 了解机械创新设计的思维方法；

(2) 了解机械创新设计的基本思路；

(3) 了解反求设计创新法及其在机械设计制造中的应用。

2. 训练内容与步骤

(1) 学习和了解机械创新设计的基本过程；

(2) 初步掌握反求设计的基本方法和步骤；

(3) 运用反求设计法进行工艺作品的设计和制作。

3. 训练要求和课时安排

1. 重点掌握反求设计的基本方法和步骤；

2. 本章内容主要以讲座方式集中进行，并完成工艺作品的设计和制作；

3. 本章内容主要为机械类专业设置，课时安排：4～5 天。

一、填空题

1. 机械创新设计是指设计者采用新的技术手段和技术原理，发挥创造性，提出新方案，探索新的设计思路，提出具有 ＿＿＿＿＿＿＿＿、＿＿＿＿＿＿＿＿而且 ＿＿＿＿＿＿＿＿的设计。

2. 机械创新设计的特点是运用＿＿＿＿＿＿＿，强调产品的创造性和＿＿＿＿＿＿。

3. 反求设计的基本形式有＿＿＿＿＿＿、＿＿＿＿＿＿和＿＿＿＿＿＿。

二、选择题

1. 针对具体的事物，提出并完成具有新颖性、独特性和实用性的新产品的创新过程，称为（ ）。

   A. 知识创新　　　B. 技术创新　　　C. 应用创新　　　D. 原始创新

2. 对已有的产品或技术进行分析研究，掌握其功能原理和零部件的设计参数、材料、结构、尺寸、关键技术等指标，再根据现代设计理论与方法，对原产品进行仿造设计、改进设计或创新设计的方法，称为（ ）。

A. 功能设计创新   B. 移植技术创新

C. 反求设计创新   D. 类比求优创新

三、简答题

1. 简要说明机械创新设计基本过程中的几个阶段。

2. 简述机械创新设计的基本方法和步骤。

四、实践操作题：围绕"工艺笔架"开展创新设计与制作

（一）要求

产品造型新颖，外观别致，功能实用，富有创意。

（二）步骤

1. 根据提供的工业品样品（实物），完成对零部件的测绘（比例1：1），并绘制出标准零件图和装配图。

2. 分组用"信息交合法"、"头脑风暴法"等创造技法对"工艺笔架"进行创意设计，并完成设计图纸（零件图和装配图）。

3. 材料选择：在可供材料范围内选择加工材料，亦可自行外协部分材料。

4. 零件制作：根据零件材料和加工方法不同，分别在相关设备上完成零件的制作。

5. 装配与装帧：将各个零件组装成工艺品，并对外观进行装帧和对产品进行包装。

五、填写下列实习报告

实习工种		实习日期	
实习内容		实习工位	
实习时所使用的设备名称、型号		实习时所使用的工具、刀具、量具名称	

实习方法步骤	
本工种实践考核件名称	

第十六章　现代企业质量管理

1. 训练目的

（1）了解现代企业质量管理的基本概念；

（2）了解全面质量管理的内涵；

（3）了解企业质量认证的相关内容。

2. 训练内容与步骤

1. 学习和掌握全面质量管理的内涵；

（2）初步掌握全面质量管理的工作方法和实施步骤；

（3）了解ISO9000标准与质量认证的基本原理。

3. 训练要求和课时安排

（1）重点学习和掌握全面质量管理的内涵；

（2）主要以讲座方式集中进行，结合案例，分析质量认证工作在企业生存和发展中的重要意义；

（3）本章内容主要为机械类专业设置，课时安排：1～2天。

一、判断题

1. 企业质量控制的主体是设备和工艺装置。　　　　　　　　　　　　　　（　　）

2. 产品的质量决定于制造质量，与产品设计无关。　　　　　　　　　　　（　　）

3. ISO9000是产品质量认证。　　　　　　　　　　　　　　　　　　　　（　　）

4. 质量认证包括产品质量认证和质量管理体系认证两方面。　　　　　　　（　　）

5. 企业产品制造质量主要体现在其技术因素。　　　　　　　　　　　　　（　　）

二、填空题

1. 质量是_____或_____满足明确或隐含需要能力的特征总和。

2. 现代企业竞争力五要素为_____、_____、_____、_____和服务。

3. 全面质量管理强调的"三全"是指_____、_____和_____。

4. 全面质量管理的核心思想是企业的一切生产经营活动都围绕_____开展，它要求_____参加到质量管理的全过程。

5. 质量认证应由独立于第一方和第二方并经国家主管部门批准认可的_____来实施，以确保质量认证的_____、_____和_____。

三、选择题

1. 产品的制造质量体现技术和非技术因素，下列因素中不属于技术因素的一项是（   ）。

   A. 设备   B. 工艺装置

   C. 工作环境   D. 操作者技术水平高低

2. 强调质量是从市场调研、用户需求开始，到产品研发设计、生产技术准备、物品采购供应、零件加工检验、营销及售后服务的管理，称为（   ）。

   A. 全面质量的管理   B. 全过程的管理

   C. 全员参与的管理   D. 全方位的管理

四、读图题

在下边的空格上将 PDCA 循环图填写完整。

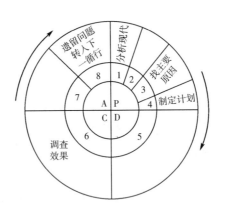

P：_____

D：_____

C：_____

A：_____

2：_____

5：_____

7：_____

五、填写下列实习报告

实习工种		实习日期	
实习内容		实习工位	
实习时所使用的设备名称、型号		实习时所使用的工具、刀具、量具名称	

实习方法步骤	
本工种实践考核件名称	

第十七章　先进生产模式与现代管理技术

1. 训练目的

(1) 了解先进制造模式的基本概念和特征；

(2) 了解现代管理技术的概念及其应用；

(3) 了解现代制造企业物流技术的基本概念。

2. 训练内容与步骤

(1) 结合案例，了解国内外著名企业在企业管理中的成功模式；

(2) 重点了解精益生产、并行工程和物流技术及其应用；

(3) 训练采用案例分析、研讨、播放视频和录像等方式。

3. 训练要求和课时安排

(1) 重点学习和掌握精益生产、并行工程和物流技术相关内容；

(2) 本章内容主要以讲座方式集中进行，辅以播放视频和录像等；

(3) 本章内容主要为机械类专业设置，课时安排：1～2 天。

一、判断题

1. 计算机与信息技术是支撑敏捷制造的关键技术。　　　　　　　　　（　　）

2. 制造物流系统的目的，是将原材料加工并装配成最终产品。　　　（　　）

3. 企业物流系统主要由运输、装卸、储存、包装和物流信息等环节组成。（　　）

4. 智能制造是指计算机模拟制造业人类专家的智能活动。　　　　　（　　）

二、填空题

1. 敏捷制造的主要特征是_____、_____和_____。

2. 制造物流系统通常会发生三种库存，分别是_____、_____和_____。

3. 按物流系统的时间与秩序可划分四部分，它们分别是_____、_____、_____和回收废弃物流。

4. 虚拟制造技术是指在计算机上模拟产品的_____和_____全过程。

5. 并行工程包括_____、_____、_____和_____等四方面内容。

6. 计算机集成制造系统五个分系统分别是 _____、_____、
_____、质量分析系统和计算机网络与数据库。

三、选择题

1. 由加工任务、加工顺序、加工方法和物料流动要求所确定的计划、调度和管理等
   流通过程，称为（   ）。
   A. 物料流　　　　B. 信息流　　　　C. 能量流　　　　D. 资金流

2. 能自动完成工作循环并能自动重复的机床，称为（   ）。
   A. 组合机床　　　B. 自动机床　　　C. 专用机床　　　D. 通用机床

3. 具有自动工作循环，但一个工件自动加工完成后，需要人工装卸工件，即不能重
   复工作循环的机床，称为（   ）。
   A. 组合机床　　　B. 自动机床　　　C. 专用机床　　　D. 通用机床

4. 由工件传输系统和控制系统将一组自动机床和辅助设备按工艺顺序连接起来，可
   自动完成产品的全部或部分加工过程的生产系统，称为（   ）。
   A. 组合机床　　　B. 自动机床　　　C. 专用机床　　　D. 自动线生产线

5. 组合机床适用于加工（   ）。
   A. 箱体零件　　　B. 轴类零件　　　C. 盘类零件　　　D. 各类零件

6. 利用计算机对产品从设计、制造到装配的全过程进行全面仿真，它不仅可以仿真
   现有企业的全部生产活动，而且可以仿真未来企业的物流系统，因而可以对新产
   品设计、制造乃至生产设备引进以及车间布局等各方面进行模拟和仿真的技术，
   称为（   ）。
   A. 并行工程　　　B. 虚拟制造　　　C. 智能技术　　　D. 精益生产

7. 在企业的各个环节上去除一切多余无用的东西，即消除一切浪费；在其组织的各
   个层次上都雇佣多面手，并且应用了通用性强而自动化程度高的柔性制造设备来
   生产品种多变的产品的技术，称为（   ）。
   A. 并行工程　　　B. 虚拟制造　　　C. 智能技术　　　D. 精益生产

8. 综合考虑环境影响和资源效率的现代制造模式，其目标是使产品在整个生命周期
   对环境的负面影响最小，资源效率最高，它从产品设计阶段就开始考虑防止污染
   问题，以先进的工艺、设备和严格的科学管理为手段，以有效的物流循环为核心，
   使废弃物最少，并尽可能使废弃物资源化和无害化，使人类生产可持续发展的新
   技术，称为（   ）。
   A. 并行工程　　　B. 虚拟制造　　　C. 绿色制造　　　D. 精益生产

9. 对零件的相似性进行标识、归类和应用并按一定的相似程度将零件分类编组，
   再对成组的零件制定统一的加工方案，实现生产过程的合理化的技术，称为
   （   ）。

A. 智能技术　　　　B. 虚拟制造　　　　C. 成组工艺　　　　D. 精益生产

10. 对产品在设计阶段就进行充分的市场分析，在产品设计过程中进行工艺的模拟仿真、产品制造质量和成本的设计，以及对今后的生产计划、加工过程、质量保证、检验、售后服务等方式进行同步规划和平行设计的技术，称为（　　）。

　　A. 并行工程　　　　B. 虚拟制造　　　　C. 绿色制造　　　　D. 精益生产

四、简答题

1. 简述并行工程的主要特征。

2. 简述物流系统的组成及其功能。

五、填写下列实习报告

实习工种		实习日期	
实习内容		实习工位	
实习时所使用的设备名称、型号		实习时所使用的工具、刀具、量具名称	
实习方法步骤			
本工种实践考核件名称			

第十八章　现代企业文化

1. 训练目的

1. 了解现代企业文化在企业发展中的作用和地位；

(2) 了解现代企业文化的基本内容与功能；

(3) 了解现代企业文化的构建原则和途径。

2. 训练内容与步骤

(1) 理解现代企业文化的基本概念；

(2) 了解国内外著名企业文化案例；

(3) 了解现代企业文化的构建原则和途径。

3. 训练要求和课时安排

(1) 重点学习和掌握现代企业文化在引领企业发展的成功案例；

(2) 本章内容主要以讲座方式集中进行案例分析；

(3) 课时安排：1～2 天。

一、判断题

1. 企业精神是指企业基于自身特定的性质、任务、宗旨、时代要求和发展方向，并经过精心培养而形成的企业成员群体的精神风貌。　　　　（　　）

2. 企业文化结构包括物质文化、行为文化、制度文化和精神文化形态。　（　　）

3. 文化以人群为载体，人是文化生成的第一要素。　　　　　　　　　（　　）

4. 团队意识是企业内部凝聚力形成的重要心理因素。　　　　　　　　（　　）

5. 和谐文化和创新文化成为中国企业文化发展的重要趋势。　　　　　（　　）

二、填空题

1. 企业文化是在一定的社会历史条件下，在生产经营和管理活动中所创造的具有本企业特色的_____和_____。

2. 企业文化理论系统包含的五个要素是_____、_____、_____、文化仪式和文化网络。

3. 企业文化的功能有_____、_____、_____、_____和调适功能。

4. 企业道德是指调整＿＿＿＿＿＿＿＿＿、＿＿＿＿＿＿＿＿＿、＿＿＿＿＿＿＿关系的行为规范的总和。

5. 企业文化的约束功能是通过＿＿＿＿＿＿＿＿＿和＿＿＿＿＿＿＿＿＿来实现的。

三、选择题

1. 在企业文化建设中，企业基于自身特定的性质、任务、宗旨、时代要求和发展方向，并经过精心培养而形成的企业成员群体的精神风貌，称为（　　　）。

    A. 企业道德   B. 企业形象   C. 企业精神   D. 企业风格

2. 企业通过外部特征和经营实力表现出来的并被消费者和公众所认同的企业总体印象，称为（　　　）。

    A. 企业道德   B. 企业形象   C. 企业精神   D. 企业风格

3. 在企业文化建设中，下列选项中不属于精神文化范畴的一项是（　　　）。

    A. 企业精神   B. 企业经营哲学

    C. 企业价值观   D. 企业组织机构

四、论述题

结合工程训练和金工文化，谈谈你对企业文化的认识。

锻精品铸辉煌燃烧激情千锤百炼匠心妙手成佳作， 润特色创品牌施展鸿图细刻精雕领异标新塑金工。
铸造的精神——用汗水浇注事业硕果，以勤奋铸造人生辉煌。
锻造的品格——金相玉质炉火纯青做学问，铁骨钢筋千锤百炼成高才。
焊接的目标——脚踏实地焊接人生目标，面向未来燃烧岁月激情。
钳工的功夫——细作精工只在匠心技艺，严丝合缝全凭手上功夫。
车工的艺术——推陈出新规矩能成方圆器，去粗存精曲直调就栋梁材。
先进制造技术的理念——先进技术手脑并用，现代制造软硬兼施。
数控雕铣机的精髓——一丝不苟精雕细刻出佳作，独运匠心领异标新创品牌。
数控电火花线切割的意蕴——真心描绘理想鸿图，激情闪耀智慧火花。
数控铣的启示——聚精会神校正人生坐标，披坚执锐开拓事业征程。
数控车的内涵——精湛技艺来自勤学苦练，优良品质源于细刻精车。
铣刨磨的风格——斩钉截铁宝刀锋从磨砺出，务实求真学问精自暑寒来。

五、填写下列实习报告

实习工种		实习日期	
实习内容		实习工位	
实习时所使用的设备名称、型号		实习时所使用的工具、刀具、量具名称	

实习方法步骤	

本工种实践考核件名称	

机械制造基础工程训练小结

姓名		专业		学号	
训练时间	20　　～20　　学年　第　　学期				
小结主要内容	（1）训练过程中对基本技能掌握的熟练程度和在思想作风方面的主要收获； （2）对实训中心教学管理和教学内容安排方面的看法； （3）对各工种指导教师的教学方法、教学态度、教学效果的评价； （4）对改进机械制造基础工程训练课程教学的建议。				

机械制造基础工程训练成绩记录表

课程号：　　　　　　　授课教师：　　　　　　　训练时间：

序号	训练内容	平时考勤	实习报告	实践作品	评分	指导教师	备注
1	基础知识						
2	车工技术						
3	钳工技术						
4	刨削技术						
5	铸造技术						
6	焊接技术						
7	锻压技术						
8	CAD/CAM 技术						
9	数控车削技术						
10	数控铣削技术						
11	线切割技术						
12	电火花成型技术						
13	快速原型技术						
14	加工中心						
15	数控原理						
16	创意训练						
17	质量管理与企业文化						
18							
19							
20							
21							